I0488679

BENEDETTO VIALE
VINCENZO LATINI

SULLE ACQUE ALBULE

PRESSO TIVOLI

ANALISI CHIMICA

VL
VECCHIE LETTURE

In copertina: *Peter Paul Rubens - Pan and Syrinx*

Anno di pubblicazione: *1857*
Prima edizione Paperback: *Novembre 2015*
Editing: *Fabrizio Accadia*
Realizzazione grafica: *Quick Ebook*
A cura di *Vecchie Letture* – Roma
ISBN-13: 978-1519553461
ISBN-10: 1519553463

Nel testo di questo libro potreste trovare parole come
"sovratutto", "traccie", "intiero" e molte altre
che ai nostri giorni sono divenute obsolete ed accantonate
oppure sono state modernizzate.
Non si tratta perciò di errori ma parte integrante del testo,
come è stato scritto in origine.

SULLE ACQUE
ALBULE

Saevamque exhalat opaca mephitim.
Virg. ÆNEID. L. VII.

SOMMARIO

LE ACQUE ALBULE PRESSO TIVOLI

Le albule presso Tivoli sì parvero ad Humphry Davy di cotale interesse, ch'egli nel 1814[1] proponeasi d'investigar que' principii cui tiene la natura, e l'efficacia loro. Infetti determinava, al riferire del William Gell[2], la quantità del gas acido carbonico ivi rattenuto, e disponessi pure alla indagine di quelle piante, che vegetando in sulle margini del lago, se ne spiccano quindi in foggia d'isolette natanti.

Il pensiero del Chimico britanno non rimase insterilito presso noi. Il Cappello ed il Monti dieronsi a raccoglier quei fatti, che poteano ritogliere alla lunga oblivione la virtù di queste acque, e nel tempo stesso il

---

[1] Giorn. Arc. v. 240 t. 71 p. 273. 1839.

[2] Sir Humphry Davy fece alcuni esperimenti curiosi sul processo per cui quest'acqua aggiunge continuamente intorno alle rocce pietrificazioni o incrostazioni. Dice inoltre che l'acqua prelevata dalla parte più tranquilla del lago anche dopo essere stato agitato ed esposto all'aria conteneva in soluzione più del proprio volume di gas acido carbonico, con una piccola quantità di idrogeno solforato. La temperatura è ottanta gradi Fahrenheit.
La Topografia di Roma e dei suoi dintorni. Londra.

Peretti intese alla Investigazione de' principii sustanziali e quantitativi ond'esse sono formate; unico lavoro di questo genere, che si abbia dopo il risorgimento della Chimica[3].

Già da lunga pezza avevamo ancor noi divisato farne obietto di ben condotte ricerche, ma non avremmo sì presto compiuto il nostro disegno, se non si fossero aggiunti gli incitamenti dell'illustre Canina, il quale afflitto da lunga infermità, attinse nelle albule la primiera salute. Zelatore com'egli era di tutto che si attiene alla gloria ed al lustro del nostro suolo, con apposito disegno avea dimostrato per qual modo si possan in tutto od in parte rialzare le antiche terme di Agrippa ad uso d'istituzione balnearia, valendosi all'uopo degli antichi ruderi, che ancor vi grandeggiano; ma infelicemente ei venne rapito non ha guari a' viventi con immensa iattura delle scienze archeologiche, e non minor danno delle arti, che avea pure, sebbene di ristrette fortune, sempre incoraggiate e protette.

Quelle ingenti masse di calce carbonata di che composto torreggia il Monte Gennaro, nel sollevarsi dal fondo del mare, volte a Sud Ovest, e a Sud Est, ed adagiatesi in balze minori, costituirono per una parte i Monti Cornicolani, per l'altra il Peschiavatore, il Ripoli, l'Afliano, e le gole e le valli, che tra quest'eminenze si profondano[4].

Tali monti, a chi bene osserva, appajono composti di strati di carbonato di calce, posati gli uni su gli altri,

---

[3] Giorn. Arc. a. 1824.

[4] Queste notizie vennero tratte dalla Illustrazione della Carta Geologica della Comarca di Roma, che il Ponzi nostro amico e collega renderà quanto prima di pubblico diritto.

e sparsi di ammoniti, ippuriti, fucoidi e calce nummulitica, disposti nell'ordine come da noi or vengono indicati. Cotai letti stratiformi veggonsi torcere in direzione obliqua dalla linea anticlinale del monte verso la parte più bassa di esso, e quindi disporsi al punto di flessione, siccome un angolo sinclinale per raggiungere gli strati del monte vicino; oppure accostandosi viemeglio alla perpendicolare, spezzata la continuità, solcare profondamente il terreno, siccome avviene fra Monte Gennaro e Santo Polo, tra questo e i Cornicolani, e quindi tra 'l Peschiavatore ed il Ripoli.

Nella prima di queste fenditure si raccoglie il torrente, che tumido per le grandi piove si rovescia da Santo Polo; apresi nell'altra il sentiero, che mena a Palombara, e nell'ultima, che si spalanca in ampia voragine imbocca rigoglioso l'Aniene. Queste fratture nel loro andamento prolungasi giù verso la vallata, che giace a pie' di Tivoli, e facendosi oltre sotto il terreno pliocenico formato di marne e sabbie gialle subappennine, vanno tutte a convergere nell'ampia lama dei travertini.

Ha origine cotesta lacuna dalla intersecazione delle fenditure sopraddette, cui fanno cerchio e la destra riva del Teverone, e la base del clivo su cui posa Tivoli, e i Morti Cornicolani, e i terreni emersi per vulcanismo, dalla erosione de' quali per le acque pluviali sursero le convicine colline distinte co' nomi di Tavernucole, Castel Arcione, e Casale di Tor de' Sordi.

Ora nel punto ove incrociansi cotali fratture, e che trovasi là nella parte più bassa della laguna, sono i due laghi nel cui fondo hanno scaturigine le acque minerali subbietto delle nostre ricerche.

Nel tempo del primo sollevamento Appennino, dal quale scoperti vennero gli strati giuresi, il mare cruccioso frangevasi appiè delle montagne surte già per lo innanzi dalle acque. Nell'atto del sollevamento la vetta ed i fianchi di queste montagne smottarono, e formaronsi delle frane, che trasportate nel vicino mare dalle pioggie e da' torrenti vi deposero e marne e ciottoli e sabbie che formarono il letto più profondo di codesta laguna, non men che di tutta la campagna Romana.

Sì fatto cumolo non poteva ricacciare il mare in quei confini, che oggi lo serrano. Altri sollevamenti avvennero, a' quali diede origine il divampare dal fondo marino dei vulcani Vulsini, Cimini, Sabbatini. Imperocché da essi eruttavansi enormi quantità di materie; scorie cioè, lapilli, pomici, squamme di mica, amfigene, pirossene, arene e ceneri le quali trasportale dal tempestoso ondeggiamento del mare veniano sparse su tutta l'ampia superficie bagnata da flutti.

Ecco la ragione del mescersi di materie vulcaniche, e di sabbie subappennine, e quindi pure dell'innalzarsi del fondo marino. A questo innalzamento del suolo si aggiunsero i rimbalzi dell'interno fuoco vulcanico, che produssero l'emersione del letto dal confine tosco al napoletano. Rimaneva per queste ragioni il suolo largamente ondato e solcato da seni, golfi, baje, canali e coronato di colli. I primi, che penetravano bene addentro le terre già emerse, i secondi, che colle lor balze sormontavano i flutti.

Il mare si trovava in quei tempo relativamente più alto ed allagava ancora gran parte dell'odierno continente. Frattanto le pioggie cadendo a rovesci da' monti ne solcavan di spessi torrenti le chine. I fiumi, che menavano più grosse le acque, aprendosi alvei maggiori, dilagavano, come anche oggidì lo attestano quelle vallee, che veggonsi ai lati dei medesimi. Quindi il posarsi di quelle deposizioni fluviatili sulle sabbie e sulle marne subapennine. Se questi addossamenti faceansi ai fianchi delle vallate ove l'acqua covando tranquilla vi posava il carbonato di calce, allora la deposizione venia formata da travertini: se poi si formavano nel letto, o ne' greti dei fiumi, i sedimenti vedeansi composti di materie variamente commiste, perché trascinate e ragunate dalla corrente; marne cioè, ciottoli, sabbie e materie vulcaniche in un coi carcami di animali o vissuti contemporaneamente, o anteriori all'epoca pliocenica (elefanti, rinoceronti, ippopotami).

L'Aniene presenta allo sguardo luminosa prova di quanto abbiamo già dichiarato: perocché, precipitando dà una fenditura dei terreni Appennini, nel decorrere lungh'esso la campagna romana, giunto nell'intersecazione delle descritte fenditure di Santo Polo e dei Cornicolani, formò la vasta chiana dalle Albule. Le acque, che più dal filo del fiume trovavansi discoste, giacquero quete, e dierono origine a quelle vaste deposizioni che vanno col nome di *lapis tiburtinus*. Il fiume frattanto arginato sotto Martellone in un letto alquanto più angusto, correva rigonfio a metter foce nel Tevere presso Roma.

Non può immaginarsi in qual modo le acque del fiume siensi abbassate fino al presente livello senza presupporre, che questa nostra regione abbia sofferto altro cataclismo. Ben da noi se ne intravede la causa nell'eruzione dei vulcani Laziali, che apertisi più tardi, sollevarono alla lor volta un nuovo letto di terreno sottomarino, cui i Geologi diedero il nome di spiaggia emersa. Il mare pertanto già molto avvicinato ai termini, che ora bagna si abbassò di più ancora. Ma il suo recedere fu relativo e proporzionato al terreno, che pei nuovi sollevamenti vulcanici rimase asciutto.

Siffatto cangiamento di suolo ebbe molta parte nella costituzione delle Correnti fluviali. Esse allungarono ed abbassarono di livello, e raccolte in chiusa nell'alveo fluirono più tranquille nel mare vicino.

Tali vicissitudini misero a secco la laguna di Tivoli, e la convertirono in quella spaziosa pianura, che vedesi a destra dell'Aniene.

Effetto forse di questi stessi vulcani che ardevano nel Lazio, fu l'apparire della sorgente gassosa dal fondo delle albule. Sospinti e aggirati i gas per le tortuose vie delle fenditure terrestri vennero ad erompere nel luogo ove incontravansi le fratture di sovr'accennate, perché quivi trovavan resistenza minore.

La polla delle acque non potendosi dire termale ci dimostra, che l'incontro dei gas coll'albule non avviene a molta profondità, ma di sotto dello strato variabile.

Sembra, che a' tempi degli antichi Romani elle avessero libero corso all'Aniene, come chiaramente lo addita Strabone. *Planitiem illam per quam delabi Anienem diximus, albulae etiam perfluunt*[5]. Ma questo canale il cui decorso fu segnato dal Canina nella Tav. CXX dell'opera sui monumenti della campagna di Roma publicata nell'anno 1856, e donde si mettevan fuori le acque soverchie, rimase ingomberato e chiuso per le deposizioni di calce carbonata abbandonate da quelle[6], e la pianura di Tivoli venne conversa in un'ampia ed infestissima lacca. Così rimase finché il Cardinale

---

[5] Geograph. Lib. V. c. y. § 11.

[6] Albulam et fere sulphuretam aquam circa canales suos tubosque durari Senec. Natur. Quaest. L. 11.

Ippolito d'Este fè costruire a sue spese quel canale, che con più rapido corso mena le acque al Teverone, traversando con più breve viaggio la via tiburtina[7].

Da questo si dedurrebbe essere il terreno composto: 1.° di due letti più profondi di marna e di sabbia dell'epoca pliocenica o terziaria superiore; 2.° da prodotti vulcanici; 3.° da deposizioni pluviali, e quaternarie di pietra tiburtina, ed in ultimo da una esterna gromma di calce carbonata chiamala *testina,* ultimo scarico delle albule avvenuto nei tempi moderni.

Chi da Roma si fa verso Tivoli, se varcato il ponte della solfatura tra il terzo decimo, e il quarto decimo miglio, volge a sinistra lungo il canale scavato dal Cardinale d'Este, si mette sopra un terreno vestito di brutta verdura, che facea letto alle albule allorché ivi impaludavano. Più oltre e' vi mira un prato rigoglioso e bello anche nei mesi di luglio, e di agosto. Quel primo terreno dà sotto ai passi un tal suono, come di volta, che lo sorregga. Di fatti sul bel mezzo di esso un'ampia fenditura fa scorgervi una gora di acque albule, la quale profondasi più oltre e si perde sotterra, e raggiunge il laghetto del Barco per scaricarsi poi nel vicino Teverone[8]. Altre fessure minori veggonsi quà e là per l'ampia lacuna, e da esse esala un gas fetente capace a privar di vita qualunque animale, che incauto

---

[7] Hodie albula Anieni miscetur per novam fossam a Cardinale Hippolyto d'Este ad territorium Tyburtinum ab aquarum stagnantium tyrannide liberandum, ante centum circiter annos excavatam.

[8] Questa fenditura al dire del William Gell aprissi nel 1825. Nella linea tra il ponte e la solfatara la crosta di roccia si è rotta quasi nei pressi del torrente, nel 1825 e una parte dell'acqua è andata persa. Loc. cit.

vi si appressi. Chi si fa poi ad esplorare quel tratto di terreno frapposto fra gli avanzi delle antiche terme, e la via che conduce a Monticelli vede nelle giornate fredde e in sul levar del sole abbondevoli getti di gas sorgere quà e là da spiracoli del terreno, e venire suso fino a vita di uomo e mandar fuori aliti sì malvaggi da far trambasciare, chi per alcuni minuti sopra vi dimorasse.

La deposizione anzidetta fè credere al Bacci ed a Fausto Re, che là si abbia a prolungare fino all'orlo delle albule, e che anzi si abbia a protendere come un aggetto per entro ai laghi medesimi. Chi di fatti si accinge ad esplorare la riva del lago maggiore, che volge a tramontana la vede formata o di un suolo mal fermo, come quello che risulta dalle isole natanti spintevi dai venti di mezzogiorno, o di un suolo più stabile sì, ma che percosso dà suono assai meno ottuso d'un sodo terrena.

Tal supposto si francheggia tanto per la profondità di ben quattro metri che misurasi dalle rive, quanto pel sinistro avvenuto ad alcuni bufali, che andati a nuoto per il lago secondo lor costume, vi si annegarono dacché non venne ad essi fatto di più risalire alla riva.

Il lago maggiore nel 1671 a quanto ne riferisce il Kircher[9] misurava il perimetro di un miglio ossia di metri 1510. Nel 1779 Cabral tornò ad esplorare il lago, e dalle misure prese il perimetro medio corrispondente al diametro medio sarebbesi ridotto a metri 441. Nel lasso di un secolo pertanto si avrebbe una differenza in meno nel perimetro di metri 1069.

---

[9] Lacus unius circiter milliaris in circnitu. Loc. cit. Par. III. Cap. IV.

Dai tipi censuali ordinati nel 1818 nella scala maggiore di 1:2000 il perimetro medio corrispondente al diametro medio risultava di metri 235.

Per le misure prese dal Moraldi in agosto 1856 la periferia media sarebbe di metri 231,07.

Or da metri 441,00.

Togliendo 231,07.

Ne verrebbe una differenza in meno dal 1779 al dì d'oggi, di metri 210, 93.

Quindi si avrebbe a dedurre che in 184 anni il perimetro sarebbesi ridotto ad un sesto circa di quello misurato da Kircher.

È vero, che il lago, sendo irregolare nella sua forma, può presentare molte varietà nella misura: ma è anche fuor di dubbio, che le misure per quanto sieno variabili non possono giammai portare al perimetro una differenza in meno di cinque sesti.

Il terreno intorno a' laghi considerato nel lato destro dell'emissario trovasi 46 metri di sopra del livello del mare. Questo è quanto troviamo notato nella recente carta topografica della campagna di Roma segnata dagl'ingegneri dell'esercito francese. Questa misura condotta al pel dell'acqua dell'uno e dell'altro lago può ridursi a metri 45. Ma la profondità del lago maggiore per le misure prese dal Moraldi è di metri 36.00; quella del lago più piccolo di metri 57.00, ond'è che il fondo del lago delle Isole natanti troverebbesi più alto del livello del mare di metri 9, laddove quello delle Colonnelle sarebbe più basso di metri 12.

Copiosi oltremodo sono i sedimenti che quest'acque abandonano nel tragitto loro per l'emissario, e nel confondersi colle acque del vicino Teverone. Simili residenze si assodano e s'induntano in lapilli di mille foggie bizzarre, e per certa somiglianza, che hanno co' lavori di zucchero vengono distinti col nome di confetti di Tivoli.

Il volume delle acque albule che corre per l'emissario misurato poco più su degli attuali bagni, cioè tra questi ed il lago delle Isole natanti può esser ragguagliato in un minuto secondo a M.C. 3,137.

Tale quantità darebbe i seguenti prodotti:

Per un minuto primo 188,220.

Per un'ora 11293,200.

Per un giorno 271036,800.

Risulta per le nostre indagini, che un decimetro cubico di acqua, se venga evaporato, dà un residuo di grammi 2.598.

Un metro cubico pertanto conterrebbe di sedimenti salini Chilogrammi 2.598.

Da ciò si deduce, che le albule correnti pel canale contengono una quantità di materie saline, che in 24 ore rappresenta il peso enorme di Chil. 704151,000.

Per un anno Chil. 25701606,000.

Quindi in 307 anni quanti ne son corsi dall'apertura del nuovo emissario fino a dì nostri Chil. 7890393236.

Che se vorrem ridurre codesto peso a volume di acqua stillata al massimo di densità avremmo che le albule in 307 anni hanno scavata una caverna sotto il terreno di M.C. 7890393.

Vegeta alla periferia del lago maggiore lo *Scirpus lacustris*, il *tabernaemontani*, e il *glaucus L.*, le cui radici perenni parte si abbarbicano al suolo stesso, parte aggruppate fra loro sfiorano la superficie delle acque, da cui traggono alimento. I brani di questi vegetali, staccansi via via dal terreno cui si attengono ed ora in una, ora in altra parte secondochè trae il vento camminan, componendo indi quelle isolette natanti, donde il lago ebbe nome.

D'ordinario non avvene pur una delle parecchie vedute del Kircher, e che dal numero ei le diceva le sedici barchette[10]. Tuttavia diligentemente esaminando vedesi in sull'un dei lati giacerne molte alla riva. Sarebbe cosa ben lieve a chi se ne dilettasse risospingere quel gruppo di vegetali per entro alle onde, e vedere col vento propizio rinnovellarsi il vago spettacolo, di cui parlano gli antichi e i moderni scrittori.

Il dì 9 novembre 1856, spirando vento di scirocco nel tempo che da noi si gettava lo scandaglio per conoscere la profondità dell'acqua vidersi oltre sedici isolette muovere direm così da una cala press'all'emissario, e schierate a foggia di flotta poggiando di conserva per quelle acque chete, approdare alla riva opposta fra tramontana e ponente. In altro giorno e fu il dì 31 marzo 1857 se ne noverarono ben ventitré, che traversavano il lago da libeccio in verso greco tramontana; e quindi ne fur vedute altre sette, le quali aggruppate e legate insieme e ingomberavano e chiudevano l'imboccatura dell'emissario, e vi formavan ponte così saldo ch'era adatto, benché poggiato sull'acqua, a sostenere il bestiame grosso, il quale vi passava tragettando il canale dall'una all'altra ripa.

Il Kircher portò opinione, che avvenisse la formazione di cotali isole galleggianti pei semi delle piante le quali vegetano intorno de' laghi e cadono, trasportati dai venti, su quella specie di velo, che formasi alla superficie delle acque e quivi caduti

---

[10] *Le sedici barchette,* quae vel minimo conti, aut arundinei etiam baculi, cum ad litus appulerint, impulsa, a se invicem separatae fluctuant. Loc. cit. P. III. Cap. IV.

germogliano e si spiegano[11]. Anche il Cappello in quel suo dotto lavoro sulle albule[12] inclina alla medesima opinione. Più acconcia e naturale sembra la spiegazione data da noi: e ne avemmo convinzione osservando nelle isole natanti le radici delle varie specie di *Scirpus* disposte nella foggia delle altre, che sebben galleggianti, pure si appigliano alla riva, e verificando, che potrebbesi moltiplicarne il numero sol che si staccassero brani più, o meno grandi di questi gruppi di vegetali.

Vedresti con meraviglia e diletto gonfiarsi da pertutto in sul lago piccole bolle di gas: e le più grandi galleggiarvi alcun tempo prima d'iscoppiare, e tutte succedersi rapidamente sulla superficie delle acque increspate da vento leggero, e l'acqua stessa taluna volta sprizzar minutamente fino a cert'altezza, quasi di sotto fosse da alcuna cosa premuta e sospinta.

Vedresti un sasso gettato nel bel mezzo, tocco ch'abbia il fondo destarvi per alquanti minuti un sobbollimento fragoroso, ed ove tu lo lasciassi cadere fra una isoletta natante e la riva, erompere in un movimento sì forte da sospingere quella verso il centro delle acque: alcuni hanno asserito[13], che le acque del lago piccolo o non tengano punto gas, o in minima quantità. S'e' non dicono vero non erran del tutto. Nelle molte osservazioni fatte sul luogo le acque non ci hanno manifestato la medesima mozione di effervescenza. I gas taluna volta erano appena avvertibili, tal altra esuberanti. Nel dì 9 novembre 1856 pochi segni ci dierono della presenza loro, non così nel

---

[11] Loc. cit.
[12] Loc. cit.
[13] Sebastiani.

14 maggio 1857. Il sobbollimento nel lanciarvi de' sassi appariva con stridore così soperchio, che l'acqua parea fortemente bollisse. Il fenomeno conduce ad ammettere una intermittenza nella corrente de' fluidi elastici, che incontrano, e penetrano le acque al fondo di questo lago. L'analisi del gas lo fece riconoscere per acido carbonico e gas solfidrico. Ma in qual modo il fenomeno avviene egli mai?

Noi lunga pezza siamo stati incerti sulla vera cagione di esso, finché alcuni esperimenti instituiti ne hanno condotti ai seguenti risultamenti.

Un litro di acqua di Trevi tenente in dissoluzione del gas acido carbonico sotto la pressione di sette atmosfere, venne partito in tre vasi cilindrici. Un sassolino posato lieve lieve sulla superficie dell'acqua, se si abbandonava al proprio peso non vi produceva mai sensibile ribollimento di gas tanto nell'atto del trapassare il liquido, quanto dopo di averlo traversato. Quando però il sasso faceasi cadere dall'altezza di due decimetri ne avveniva un ribollimento sempre maggiore, secondo ch'e' movea da maggiore distanza; talché la copia del gas svoltosi era in ragion diretta della distanza di esso dalla superficie del liquido.

Un picciol sasso pendente da un fil di refe, tenuto in pria sospeso fra due acque, e quindi senza trasfondergli scossa posato dolcemente alla parte inferiore del vaso di vetro, non ti facea sollevare in alto gallozzole di gas; ne suscitava ben molte s'e' feriva con forza nel fondo; del pari niuna corrente di gas acido carbonico movea, se il sassolino venia pianamente ritratto, ed una copiosissima, quando ciò eseguivasi con impeto, e in un subito.

Un'asticciuola tonda di legno alla cui estremità era annestato con lacca un picciol sasso, si facea girare in due contrarii versi contra la palma delle mani, come quando si frulla la cioccolata, e lo svolgersi del gas era sempre in ragione del moto di rotazione più o meno violento all'asticciuola trasmesso.

Ne consegue pertanto, che un corpo introdotto lentamente in un liquido nel produrvi il minimo di movimento vi cagiona picciolissima diminuzione di pressione, e viceversa che un corpo attuffato in un liquido con impulso vi produce molto moto, e per conseguenza perdita grande di pressione pel conosciuto assioma meccanico, che il moto esclude la pressione e viceversa. Ora il gas svolvesi se la pressione è menomata, si arresta se la pressione vien accresciuta, e l'una e l'altra di queste condizioni dipendono o dal moto trasmesso al liquido, o dalla quiete in esso mantenuta. Da' sopraccennati effetti se ne deduce che in un liquore, il quale tenga in dissoluzione del gas acido carbonico od altro gas, la serie delle gallozzole, al cader d'un sasso, è in ragion composta della quantità di gas nell'acqua contenuto, della velocità e della massa del corpo con che il liquore è stato trapassato, e dell'altezza della colonna di acqua da esso corpo traversata.

Sembra che colla polla delle acque dal fondo del lago muova ad un tempo una corrente di questi due gas, dei quali parte riman libera, parte all'acque medesime meccanicamente permischiata. Quindi egli è sommamente rischioso avventurarsi ne' laghi per bagni o per esercizi di nuoto. L'acqua nell'essere agitata svolve così larga copia di gas acido carbonico, di gas solfidrico, in un con lieve dose di arseniuro d'idrogeno da produrre asfissia. Riferisce il Kircher[14]

---

[14] Quod cum Hippolyto Cardinali Estensi relalum fuisset, is

come a tempi del Cardinale Ippolito d'Este, di due valentissimi tuffatori, che osarono esplorare la profondità del lago, uno vi corse pericolo di vita, e l'altro ve la perdé miseramente, e ingoiato nel più profondo gorgo disparve. Nel momento stesso in cui verghiam queste carte il Dottor Bartoli di Tivoli ne porge avviso per lettera, che il dì 16, agosto 1856 un tal sacerdote Irlandese per nome Aurelio O'Rely in ont'al divieto espresso, che nessuno si abbia a bagnare ne' laghi volle condurvicisi assiem con altri. Ai compagni, che s'immersero nell'emissario tra il lago delle Colonnelle e quello dell'Isole natanti niun sinistro avvenne. Non così al Rely, egli più animoso lanciossi nel lago più volte a capo fitto, pur ritornò alla riva, benché l'acqua agitata si attraversasse d'abbondevole, e fragorosa corrente di gas. Una terza fiata volle tentare la pericolosa prova, ma assorto fra le onde in un subito disparve; avviso tremendo per coloro, che allettati dalla simulata placidezza dalle acque dispreggiano i consigli, e i non mai abbastanza ripetuti divieti. Qui dovremmo aggiugnere, che vi è rischio ancora di andare a bagni in tempo di notte. Forse in

---

curiositate impulsus rem tentandam censuit primum chordis, sed irrito conatu, deinde magnis propositis praemiis interiorem lacus constitutionem per duos insignes natatores, verius urinatores explorandam duxit, quorum unus, mox ac ad decem palmorum spatium se immisisset, reversus plantis ambustis ob aquae ferventis vehementiam, ulterius sibi sine imminenti mortis periculo penetrare non licuisse asseruit. Alter vero cum se immisisset, sive aquarum aestu suflocatus, sive vehementi fluxus et refluxus reciprocations intra abditas meatuum cavernas abreptus certe numquam amplius apparuit. Loc. cit. P, III C. IV.

queste ore lo svolgimento de' gas è maggiore; ma se ciò non possiamo affermare, certo è, che la temperie più fresca dell'atmosfera anziché disperdere, ricaccia i gas verso la superficie de' laghi.

Queste acque non menano a notabile distanza il gas solfidrico, poiché sol offende le nari quando si è dappresso al canale: là per entro di esso tu le vedi affrettarsi, e gorgogliare, e sobbollir spumeggiando, e frangersi fra i sassi e le sponde giù sotto al ponte della solfatara, quando traggono al Teverone. Ivi coll'agitarsi quest'acque scoprono più la tinta loro cilestra per la deposizione dello zolfo, e dan fuori soperchia copia d'idrogeno solforato, che grave e spiacevole per lungo tratto quivi all'intorno appuzza l'aere per oltre un miglio.

La temperatura dei laghi e dell'emissario da noi osservata in diversi giorni dell'anno, e in varie ore del giorno gì è trovata sempre costante. Era a 24 °C. sia che quella dell'aria stesse a 12 °C., sia che si levasse a 17 °C.; né fuvvi cangiamento alcuno nell'altezza del mercurio, tanto se la pallina del termometro fosse mantenuta in alto, e a fior di acqua, quanto se venisse collocata alla profondità di alcuni metri. Vedi in ciò la cagione del fumar che fa l'acqua allorché la temperie dell'atmosfera è molto bassa; laonde ebbe a dir Marziale: «Canaque sulphureis albula fumat aquis.»

E fuma non già come taluno ha supposto per calore maggiore, ch'elle abbiano, ma per condensamento di vapori.

Il Kircher portò opinione, che l'acqua del lago maggiore nell'imo fondo fosse caldissima, poiché un vaso di piombo sommerso vuoto venne ritratto pien di acqua molto fervente. Ancor noi ci accingemmo ad esplorare il calore dei laghi, e non ci venne fatto di confermare la osservazione Kircheriana. — Un termometrografo affondato successivamente a 7, e a 12 metri di distanza dalla riva, ed alla profondità di metri 36, portava l'indice a 24 °C. Ciò pel lago maggiore, pel lago minore poi il termometrografo fatto discendere a metri 57 di profondità segnò costantemente 22,50 °C. Vi sarebbe pertanto un grado e mezzo di differenza tra la tempera di calore dell'uno, e dell'altro lago[15], Noi crediamo vera l'asserzione del Kircher quanto al fervere, che facean le albule attinte nel più profondo dei laghi, non però quanto alla temperie loro. Il bollore, che egli osservò attenea allo svolgere de' gas per la pressione menomata, non allo spiccarsi de' vapori acquosi per calore accresciuto.

---

[15] Certo aquam hujus lacus intimam ferventissimam esse hoc nobis experimento constitit; per plumbeum vas adinstar lagenae, quae chordae affixa ad ouarum decempedarum profunditatem operculo clauso, quod tandem per aliam chordam in profundo aperiri posset, immissa et deinde iterum clausa, cum eductum fuisset aqua ferventissima repletum comperimus. Loc. cit. p. III. c. IV.

ANALISI QUALITATIVA

Il peso specifico delle albule stava a quello dell'acqua stillata alla temperatura di + 12 °C e sotto la pressione di 76 centimetri come 1000: 1000, 999.

L'acqua attinta nella state dal lago e dall'emissario è quasi limpida; dopo le pioggie autunnali è di color albicante. Ha odore d'idrogeno solforato, sapor lievemente razzente non disgustoso, dà reazione pari alle soluzioni poco acide. A tempera di calore ordinaria non vengon bolle alla superficie, ma ne sorgon moltissime, ove l'acqua si porti a calor più elevato, come pure se la sia gagliardemente dibattuta in vaso di vetro chiuso e scemo.

Fu primo nostro intendimento di chiarirci del gas solfidrico, e valutarne quindi la quantità in volume e in peso. E quanto al primo, oltre l'odore che tiene leggermente alle uova guaste proprio del gas svolventesi dall'acqua, vedemmo la carta di sotto acetato di piombo e le monete di argento annerire, ed ebbesi un precipitato molto scuro, immettendo del solfato di protossido di ferro in una guastada ben custodita dall'aria, carattere che si appartiene al solfuro di questo metallo.

Quanto al secondo ci giovammo del metodo di Dupasquier. Fu preparata dapprima una soluzione spiritosa di Iodo in cui il metalloide fosse come 10, il solvente come 90, di questa se ne venne gocciando alcun che in un quarto di litro di acqua albula, ov'erasi precedentemente versata leggera soluzione di amido. Quando al cader dell'ultima gocciola comparve il color violaceo, che non più dileguavasi coll'andar dimenando la mestura, allora si soprastette; ed osservammo essersi impiegato un centilitro di tintura; ma 100 di iodo corrispondono a 13,49 in peso di acido solfidrico; ne addiviene adunque, che per essersi adoperati di iodo grammi 0,0431, avrem la seguente proporzione:

Per Chil. 1/4 100:13,49 = 0,0431: x= (0,00581419).

Per Chil. 1. 0,00581419 X 4 = 0,02325676.

Per la determinazione del gas acido carbonico furono istituite prove sopra 100 millilitri di acqua albula anticipatamente spogliata mediante la tintura di iodo di gas solfidrico.

Racchiusa in un saggiuolo di tenuta di 100 millilitri comunicante con campana posata su bagno pneumatico a mercurio, si espose a fuoco perché bollisse. Ella incominciò a farsi albicante dopoché furono svolti dieci millilitri di gas.

Colla ebollizione proseguì lo sviluppo di esso, e toccò 73 millilitri nella campana graduata, allorché il tubo di condotta cominciò ad aspirare; poco stante però vi fu svario di livello, e il mercurio salì a millilitri 7 alla temperatura di + 12 °C. ed alla pressione di 76 millimetri.

Nel gas raccolto entro la campana s'introdussero dei branelli di potassa caustica: dopo qualche tempo videsi il mercurio montare ed empiere il recipiente in modo, che punto d'aria, o di altro gas non vi rimase. Con questo mezzo si ebbe certezza, che vi fosse del gas acido carbonico senza altra mescolanza. Se dunque 100 millilitri hanno dati 72 di gas, 1000. millilitri ne daranno 720. Ma il peso di un litro di questo gas è eguale a grammi 1,9798. Si dirà dunque:

100:19798 = 720:x = (gram. 1,42545).

Innanzi di procedere oltre volemmo chiarirci dell'esistenza dei carbonati, e determinare di poi se questi fossero allo stato di semplice carbonato.

L'albula a tempra di calore ordinario con un soverchio di acqua di calce perdea sua trasparenza, e si facea biancastra. Per la esposizione al fuoco in un saggiolo col montare del calore vedeansi molteplici serie di bolle spiccarsi dalle pareti, e dal fondo rompere in superficie; in sul grillare poi notavasi un subito albeggiare del liquido, ed un precipitato che affondava col raffreddamento, e col riposo, e ribolliva soprammodo cogli acidi, per lo sprigionar che faceva il gas acido carbonico. Affin di veder poi in quali proporzioni si trovasse la base unit'all'acido, ne piacque valerci del metodo di Dupasquier. Preparata una tintura spiritosa di campeggio in modo, che la saturazione del solvente potesse compartire al liquido un color giallo cupo, se ne versarono alquante gocciole nell'acqua soggetto delle nostre investigazioni, e non apparve colorazione violata. Un'altra porzione venne privata mediante bollitura dei carbonati terrosi e quindi feltrata; né colla tintura suddetta comparve mai in essa color violaceo, sibbene giallastro: la qual cosa ne rendeva sicuri dell'esistenza dei carbonati.

Nell'aver consumato tra queste differenti prove un litro circa di acqua ci avvedemmo essere il poco residuo di colore lattato volgente al cilestro. S'istillò acido cloridrico in esso né perciò schiarì punto. Attendemmo, che la materia la qual'era cagione dell'intorbidamento movesse verso il fondo del vaso, e vi si raccogliesse, e allora tolto il liquore soprannotante per decantazione raccogliemmo il sedimento in un cucchiajo di argento, che al fuoco diè odore solfureo, bruciò con fiamma azzurra sbiadata, tinse il metallo in color giallo tendente al verde, dalle quali cose si argomentò la presenza dello zolfo per la risoluzione del gas solfidrico ne' suoi principii.

L'esistenza di questo metalloide ne condusse alla ricerca de' solfuri. In cento millilitri di acqua posti in un saggiuolo e fatti bollire fuori del contatto dell'aria e feltrati ed inaciditi al cloridrico si aggiunse un soprappiù di solfato di rame, e non si ebbe alcun precipitato scuro.

Nel ricercare gli elementi onde si compongono diverse acque minerali di questo nostro suolo, come a dire l'acqua acetosa fuori della Porta Flaminia, quella della Tolfa e di Civitavecchia, e le altre di Ansure, e di Bracciano, avevamo sempre osservato, che attinte appena dalla sorgente davano un'appannamento per l'acido cloridrico, ed anche pel nitrico. Codesta reazione doveasi attribuire alla presenza dell'acido borico fattosi libero per la combinazione dell'acido reagente colla soda, o colla potassa. Ciò appunto ne accadde in sulle albule. Avemmo così barlume, o indizio lontano di quest'acido, esistente forse allo stato di sotto-borato di soda e ce ne accertammo meglio coll'andarne spiando le tracce nella parte solubile, come più innanzi vedremo.

Proseguendo ancora nelle indagini divisammo di riconoscere resistenza del ferro, e in quale stato e' vi fosse.

A questo fine fu fatto cadere a gocciole del prussiato di potassa giallo nell'acqua allo stato naturale, e non apparve coloramento turchino né offuscazione di liquido, ma l'uno e l'altra si fecero manifesti quand'adoperammo il prussiato di potassa rosso. Tale reazione discoprì una tenue quantità di ferro nello stato di protossido.

Tratto a consumazione col bollire un quarto di litro di albule, sul residuo secco versammo spirito di vino a 32.° infin che non si avessero più reazioni al nitrato di argento. Ne emersero due prodotti:

UN SEDIMENTO

A. - Che poteva racchiudere carbonati di soda e potassa, di calce e di magnesia, solfati, borati; ed

UN LIQUORE SPIRITOSO

B. - Che poteva contenere Ioduri, Bromuri, Cloruri.

Il sedimento A. bollito in acqua stillata, e quindi colato venne partito in due:

c. - di tutt'i sali solubili nell'acqua;
d. - degl'insolubili in essa.

Il liquido c. dava reazione alcalina all'eritrosa, ed alle carte di curcuma ancora. Questo fenomeno ne occorse per la prima volta nell'analisi dell'acqua acetosa fuori della Porta Flaminia, Ella facea rosseggiare le carte di tornasole allorché venia attinta dalla sorgente, imporporava quelle di curcuma poich'ella avesse bollito. Il Morichini[16] primo di ogni altro osservò il fenomeno, e vi ammise un sottocarbonato di soda. Noi ripetendo più e più volte gli esperimenti abbiamo potuto chiarirci, che la reazione alcalina doveasi alla esistenza di un sale risultante dall'unione della soda con acido borico.

Rimaneva a vedere se cotali risultamenti di già avvertiti da noi nell'indagine dell'acqua acetosa si avessero pur anco in quella delle albule. Per ciò fare con ogni maggior diligenza venne inacidita al cloridrico una parte del detto liquore e ridotta a minimo volume mediante svaporamento, vi fu immersa una carta gialla di curcuma la quale si fè indi prosciugare a 100 °C. Nel rosseggiare della carta a tal temperatura trovammo la sicura prova dell'esistenza dell'acido borico combinato o alla soda o alla potassa, o a tutte due ad un tempo. A dileguar questo dubbio fu versato dell'acido tartarico nel liquido, che venne di poi lungamente rimenato con bastoncino di vetro e non vedemmo intorbidamento, che dimostrasse atomo di cremor di tartaro, e si conchiuse non esistervi potassa. Anche il mantenersi del liquido in limpidezza al bicloruro di platino confermò la nostra deduzione, perché il carbonato scoperto poteasi, come ogni ragione ne persuade, riferire alla soda. Ma si avanzarono più oltre gli esperimenti nostri sopra un'altra porzione del medesimo liquore, e ne avvenne un albeggiamento, e quindi un precipitato fioccoso col bimetantimoniato di potassa; il che rilevava evidentemente la soda, e ne dimostrava l'esistenza di un sotto borato.

---

[16] Notizia sopra le due acidale adoperate in Roma. Anno 183...

Se il nitrato di barite con abbondante posatura insolubile in un eccesso di acido nitrico ne palesava la presenza del solforico, l'ossalato di ammoniaca ne manifestò la calce in molta copia, e quindi i solfati di calce. Del resto non solfuri, non cloruri, non magnesia trovammo contenuti in codesta soluzione, siccome per le esperienze antescritte erasi dimostrato.

Il sedimento d. rimasto sul feltro venne saggiato con acqua stillata fervente renduta acida al cloridrico, e diè in una grande effervescenza per lo sdoppiarsi dei carbonati. Il liquore di poi mostrò un lieve annebbiamento con deposizione di zolfo.

Allora sopra una parte di esso mesciutovi ossalato di ammoniaca in eccesso ebbesi un fondo, che addimostrando la calce, la palesava pure combinata col gas acido carbonico allo stato di carbonato. Dopo ciò tutto fu passato per feltro. Il liquido così chiarito non intorbidò più per nuove affusioni di ossalato di ammoniaca, e mostrossi di un color albicante come prima vi versammo del fosfato di ammoniaca, lo che accennava alla formazione del fosfato ammoniaco magnesiaco, e conseguentemente alla presenza nell'acqua nostra di un carbonato di magnesia.

La soluzione spiritosa B. al nitrato di argento palesava il cloro. Il rimanente svaporato a secchezza fu rimesso in acqua stillata, e trapassato per carta sugante. Vi lasciò una sostanza organica di color giallo.

Il liquore frattanto, che aveva dato reazioni di cloro ce le manifestò evidentissime, di magnesia, di soda; laonde avemmo a concludere esistere:

Cloruro di Magnesio
Cloruro di Sodio
Non ebbersi indizi di potassa né di ammoniaca.

Ove nelle acque fossero contenuti Ioduri e Bromuri doveano per fermo trovarsi in questa soluzione. Ora lo spirito di vino usato ad isceverare da codesti sali il sedimento di un litro di acqua, di cui era rimasta la parte maggiore, fu abbandonato alla evaporazione ed il residuo fu tratto a secchezza in istufa che toccava i 50 °C. Cotale residuo venne stemperato in acqua stillata, che non eccedeva i tre grammi. Vi fu aggiunto amido alla dose di gram. 0,0002. e fugat'ogni umidore a bagno maria, venne raffreddata indi la cassuolina. Il poco avanzo venne tocco con una bacchetta di vetro intrisa nell'acido cloridrico, e non diè mai niuna reazione che potesse approssimarsi non che riferirsi a quella dello Iodo.

Nel condurre così fatte sperienze riflettevamo, che lo iodo allo stato di ioduro di magnesio è facilmente decomponibile ad alta temperatura. E benché temperature elevatissime non si fosser da noi adoperate giammai ad ottenere residui, pure volemmo escluso anche questo dubbio che poteva attraversarne la mente.

Fatta una soluzione acquosa di potassa, la prima metà fu posta in un litro di acqua stillata, l'altra metà in un litro di acqua albula. Aggiuntovi 1/10.000 grammo di amido fu tenuta a fuoco tanto che rimanesse secca. Fatta bollire ancora la seconda a consumazione, ne fu disciolto il sedimento con ispirito di vino, che venne quindi feltrato ed evaporato. Il rimasuglio ben rasciutto fu rimesso in acqua stillata con meno che pochissimo di amido, e fu disseccato alla fiammella di una lampada, che vi asolava d'attorno, affin che l'amido non adustasse. In amendue i residui si toccò con fuscello di vetro bagnato di acido cloridrico, ed ebbersi reazioni di iodo, pari nella intensità della tinta, e nella superficie, d'attribuirsi unicamente allo iodo della potassa, adoperato alla medesima dose nell'uno e nell'altro liquore.

Questi tentativi per accertarsi della presenza dello iodo caddero infruttuosi, e noi li ripetemmo in proporzioni più grandi. Fu dunque evaporata una quantità di acqua eguale a litri 28,76. Il residuo di poche once venne feltrato, e poi condotto a secchezza. La sostanza rimasta dopo il dissipamento della parte acquosa, fu versata mediante un cannello di condotta in una storta, e vi fu aggiusto ossido di manganese, ed acido solforico; adattatovi quindi un recipiente, funne il tutto posato sulla fiammella di una lampada a spirito. Il liquore, che a goccia a goccia si raccolse era molto acido, e tramandava odore di cloro. Ma cimentato per la colla di amido in mille guise, non diè colorazione alcuna dalla quale si potesse argomentare vestigio di Iodo. Volle tentarsi a discovrirlo anche il metodo di Morin, per mezzo cioè della Benzina, ma si ebber sempre risultamenti negativi.

Qui par luogo di dire, che tali pruove ne facean presumere anche l'assenza del Bromo; giacché codesti metalloidi non si trovano quasi mai disgiunti. Noi avremmo dovuto escludere la presenza di questo corpo, se ci fossimo appagati dei nostri primi esperimenti. Difatti furono tratti poco men che a consumazione mediante il bollore altri litri 28,76 di acqua albula; ed il residuo ridotto a poche once fu fatto attraversare da una corrente di cloro; vi si aggiunse dell'etere il quale assiem colla soluzione venne ben ben dibattuto. Ora quest'etere non ebbe sopra all'amido azione, che fosse intesa a disvelare un bromuro.

Non tenendoci ancora contenti e soddisfatti di tali risultamenti poco concludenti a dir vero, si pensò, se per caso il metodo da noi proposto per disvelare lo iodo fosse egualmente efficace a manifestare la presenza del bromo. Si disciolse del bromuro di sodio in acqua stillata nella proporzione di 1: 250.000. Di questo liquore alcune gocciole in tazza sparsa furon rimestate con poche molecole di amido. Svaporato il tutto in vaso doppio, venne tentato il residuo con bastoncello di vetro bagnato di acido cloridrico, e fè spicco sul fondo bianco della porcellana un coloramento giallo molto intenso. E poiché operando nella medesima maniera sull'acqua stillata non erasi mai ottenuta colorazione di sorta, così ebbesi ragion sufficiente per attribuire il color giallo alla presenza del bromo nella soluzione fatta per arte. Di ciò fatti securi furon posti a bollire 15 litri di acqua albula, finché consumassero. Il sedimento perfettamente disseccato fu tenuto in infusione per alquanti dì nello spirito di vino anidro Feltrato il liquore venne portalo a secchezza; e risoluta con acqua distillata la posatura coll'aggiungervi un bruscolo di amido venne esposta all'evaporazione. Il residuo raffreddo tentossi con acido cloridrico, ed ecco uscirne una distintissima colorazione in giallo, la quale assai ragionevolmente ne rendea certi della presenza del bromo.

Rimaneva da ultimo ad includere, od escludere l'arsenico delle nostre acque, non che i nitrati e l'ammoniaca. A questo fine furono evaporati altri litri 27, 76, che affondarono un sedimento di grammi 41,60, e diedero una parte solubile di acque madri di poche once.

Il sedimento di grammi 41,60. fu cimentato con acido solforico allungato con acqua, finché e' desse reazione lievemente acida. La meschianza fu per alquanti minuti mantenuta in sul bollore. Sul liquido renduto acidissimo fu versato di poi dello spirito di vino per precipitare i solfati, e passato nuovamente per feltro, quindi evaporato, e verso la fine aggiuntovi dell'acido nitrico, fu tratto a secchezza. L'avanzo solido venne distemperato con acqua stillata, e versato poi pel cannello di vetro in uno stromento di Marsh, dopo esserci assicurati, che lo stromento all'uopo preparato operasse in bianco, si ebber sul piatto di porcellana larghe macchie metalliche splendenti, che acquistavano collo iodo un color giallo, e scomparivano alitandovi sopra per ricomparirvi di poi, come pure dileguavansi lavandole con un ipoclorito alcalino.

Per queste reazioni resi certi della presenza dell'arsenico, si procedé alla ricerca dei nitrati nella parte solubile, ossia nelle acque madri. Difatti mescolate queste acque a lieve calore con acido solforico, e tre pezzolini di oro, e posto sopra alcune gocciole di questa meschianza un cloruro di stagno, non si ebbe colorazione, che c'indicasse essersi formata la porpora di Cassio a spese dei nitrati, laddove tendevano a disvelarli le nostre ricerche. Compiuto ciò ci volgemmo all'esame dei sali ammoniacali.

Posto in una storta un quarto di litro poco più, poco meno di albule con un cilindretto di potassa caustica, quanto appunto rendesse il liquido alcalino, ed adattato al rostro della storta un recipiente di vetro, fu mediante una lampada incominciata la distillazione. Venne il liquido mantenuto sul bollore alquanti minuti: poiché fu tolto al fuoco e freddato il recipiente, non si ebbero né fumi bianchi all'acido cloroidrico, né arrossamento all'eritrosa. Un litro di albula, cui si aggiunse un soverchio di acido solforico affine di convertire tutti i sali in solfati, fu posto a fuoco finché consumasse. Il sedimento secco rimasto nel fondo del vaso venne soluto in poc'acqua stillata, e posto in istorta con eccesso di potassa caustica. Si avviò la distillazione per alcuni istanti, e neppure con questo mezzo si ebber vestigia di ammoniaca.

Ad ognuno è noto come le acque idrosolforate entro di se racchiudano certa quantità di sostanza organica dissoluta, Materia speciale, che non ha nulla di comune con altre, siano pertinenti ad acque termali, siano ad acque fredde. Innanzi di tutti Bordeau nel 1746 ne segnalava le proprietà nelle acque di Bearn, e ne dimostrava la molta somiglianza coll'albume dell'uovo: più tardi Bayen nelle acque di Bagueres de Luchon; fecero finalmente il medesimo accenno Vauquelin in quella di Plombiers, e Longchamp in quelle di Bareges, riputate da essi di natura animale, molto affine all'albumina ed alla gelatina. Così l'Anglada nelle idrosolforate dei Pirenei, il Bonjean in quelle di Aix in Savoja, e lo Sgarzi nell'Acqua Santa dell'Ascolano.

Codesta materia organica primieramente ebbe nome di Plumbierina, e Baregina da' luoghi ove studiaronla Vauquelin e Longchamp. A tali appellazioni, direm così municipali, l'Anglada ne sostituiva un'altra tutta francese *Glerina* da *glaires* pituita. Ma Cuzin cui non piacque né l'un vocabolo ne l'altro, ideò per l'anzidetta materia organica, come il più acconcio a significare l'origine, quello di solforidrina.

Noi pure, come dicemmo, non fummo tardi a ravvisare nelle albule una sostanza organica vegeto-animale, che presenta i caratteri descritti dai Chimici menzionati. La trovammo com'essi in tre differenti stati. Risoluta cioè nelle acque (solforidrina), posata sui corpi sommersi (solfomucosa), distesa sull'onda, che a modo di sottil panno la vela (solfodifterosa). Ognuno di leggeri comprende, che tali denominazioni indicano solo la modalità di una sostanza organica primigenia.

Questa fu riscontrata mai sempre con imbratto di zolfo, da noi riconosciuto, perché foggiavasi a lapilli prismatici a basi rombe, e bruciava con fiammella violacea, come pure la si rinvenne frammischiata a carbonati di calce, e di magnesia.

Nel condurre ad evaporazione una parte dell'acqua ne corse allo sguardo un residuo screziato di laminette di color cangiante or cilestro, or violaceo, che dallo imporporarsi all'acido solforico, e dal passare ad una tinta rosso-gialla all'acido nitrico, ne fè avvertiti della Zoiodina già descritta dal Bonjean nelle acque di Aix in Savoja; che alla perfine riducesi a solforidrina più profondamente modificata.

Qui sarebbe il fine delle nostre indagini, se non fosse pregio di questo nostro lavoro lo aggiungere un'altra sostanza di color atro, che adocchiammo ora galleggiante, or gettata sulle rive del lago e del suo emissario. Questa appena tolta dall'acque prorompeva in un movimento di putrefazione: schiudeva poi un altro principio, che tingeva il liquido di un bellissimo color di viola. Al primo avvedercene non esitammo a riconoscerla per una criptogama, e la cedemmo volentieri agli studii dell'illustre nostra Briologista la signora contessa Fiorini Mazzanti.

La materia bruna di cui abbiam fatta parola, non è costituita da una sola pianta di codesta specie, ma da tre ben distinte alghe, due inedite, e sono:

Calothrix Ianthiphora.

Hydrurus Aquae Albulae.

La terza già stata descritta, ed è Leptothrix Parasitica Kütz.

Da canto nostro ci atteniamo solo a seguire le chimiche proprietà del colore da noi tratto da questa criptogama, il quale dal suo aspetto violaceo ne piacque chiamare *Iantina*.

Schiusa che siasi per mezzo della putrefazione la materia colorante dalle cellule tubuliformi dalle quali in parte è composta la vagina di essa, se nel liquore che mostrasi intensamente colorato si versa una soluzione satura di acido tannico, si vede di subito formarsi un copioso sedimento di un bellissimo color di viola, rimanendo il liquido scolorato. Per mezzo della filtrazione fu d'uopo separare il liquore soprannotante dalla posatura e lavar questa sul feltro stesso più volte. Essa costituisce la materia colorante, che così come vien tratta dal feltro ha la consistenza di una manteca, e può servire all'uso dell'acquerello, e disseccata poi può venire impastata con olio.

Gli acidi minerali, quali sono il nitrico e il solforico nell'istesso modo dell'acido tannico la precipitano ravvivandone il colore, finché mantiensi umida; col disseccare poi il tinto violaceo per l'azione degli acidi minerali convertesi in rosso. Codesta materia, umida ti dà un vago color cilestro, secca la vedi paonazza. Con ammoniaca fa rosso, con eccesso di acido riprende il colore. È combinata coll'albumina. Gli alcali minerali la fan volgere dal violaceo al verde giallo.

La potassa dopo 24 ore la scolora.

Lo spirito di vino precipita insieme coll'albumina la parte colorante.

Al calore dell'ebollizione il liquido intorbida per lo rapprendersi dell'albumina.

Privata la pianta del suo principio colorante pavonazzo riman verde.

Da ciò si deduce, che il principio colorante è violaceo, ch'è unito coll'albumina, che si precipita cogli acidi e vi si rende insolubile, che l'ammoniaca la precipita in color di rosa, e che si rende solubile nuovamente in un eccesso di essa.

Queste nostre indagini ne portavano a concludere esservi nelle acque albule:

Acido Carbonico.
Acido solfidrico.
Ferro.
Zolfo.
Sotto-borato di soda.
Cloruro di sodio.
Cloruro di magnesio.
Carbonato di calce.
Carbonato di magnesia.
Solfato di calce.
Arsenico.
Bromo.
Materia organica.

Non esservi:

Solfuri.
Potassa.
Ammoniaca.
Silice.
Allumina.
Ioduri.
Nitrati.

ANALISI QUANTITATIVA

Perché nell'addirizzare e condurre l'analisi quantitativa delle albule si procedesse con quanto è possibile alla diligenza, ed alla fedeltà, fu fatto bollire un litro d'acqua, finché consumasse, e la rimanenza venne subito privata da ogni umidità ad una temperatura fra i 100 °C. ed i 120 °C., che pesata poi diede a capello gram. 2,5841.

Le sostanze saline così ottenute furon rovesciate in un altro litro di acqua stillata, che fu appostata alla medesima tempera di calore delle albule (24 °C.).

Una parte di esse vi si disciolse, un'altra no. Evaporata la prima, diè due prodotti.

A. di tutti i sali solubili nell'acqua, che disseccati in istufa ed esploratone il peso diedero alla bilancia gram. 1,4308.

B. di tutti i sali insolubili, i quali ben ben rasciutti arrivarono a gram. 1,1532.

Il prodotto A. fu mescolato e rimestato per più riprese con spirito di vino bollente, affine di sceverarlo di tutti i cloruri, e bromuri. Venne per tal modo partito in due.

α. insolubile nello spirito di vino.

β. solubile in quello.

α. detratto il feltro, diede in peso gram. 1,1686.

Dissoluta poi in acqua stillata con aggiugnervi acido solforico fino a lieve acidità venne tratt'a secchezza, e fu stemperato il fondo in ispirito di vino bollente. Preparati quindi due feltri eguali in peso, tanto il liquido spiritoso, quanto il sedimento furono gettati sopra l'un di essi, ed ebbersi altri due prodotti.

γ. della porzione solubile nello spirito di vino.

δ. della porzione insolubile.

La porzione solubile γ. evaporata in tazza sparsa di porcellana e tratta a stato di arroventamento in un crogiuolo di platino fu quindi pesata, e diè un peso netto costituito dall'acido borico di gramme 0,1433.

Ma la borrace, o sotto-borato di soda risulta composta di Acido borico 52,74, Soda 47,26,

52,74+47,26=100. 00.

Dunque un litro di albula contiene di sotto-borato di soda grammi 0,27171020, e per conseguenza chiude dentro di se:

Acido Borico 0,14330000, Soda 0,12841020,
0,14330000+0,12841020=0,27171020.

La porzione insolubile nello spirito di vino δ. era di solfato di calce nella maggior parte, nella minore di solfato di soda, di quella soda che appartiene al sotto-borato risoluto già da noi ne' suoi principii con acido solforico. Ella pesava Gram. 1,18810000.

Ora se questa soda rappresentava un peso di gram., 0,12841020.

Il solfato di soda giusta la formola di Thenard deve dare la quantità di gram. 0,29130510.

Togliendo pertanto da gram. 1,18818980.

Il solfato di soda in gram. 0,29130510.

Rimane il solfato di calce. 0,89688470.

β. La parte che rimase nello spirito di vino, e che conteneva tutti i cloruri, e i bromuri fu evaporata in una cassuola. Portata così a disseccamento mostrò contenere anche una sostanza organica. Il tutto tirava alla bilancia Gram. 0,26210000.

Fu primo nostro pensiero il determinare, se ne fosse stato possibile, la quantità della materia organica. Perciò fu disciolto il fondo in acqua stillata, e preparati due feltri egual'in peso, venne raccolta in un di essi questa materia resa insolubile per l'esperienze precedenti; ed era di una tinta scura. Prese quindi tutte le precauzioni ad evitare ogni errore, rasciugati in istufa i due feltri, e posati su piattelli della bilancia, si ebbe peso netto per la sostanza organica Gram. 0,0654000.

Il liquore che avea attraversata la carta sugante, rimasto di color giallognolo ne dava certezza che la sostanza organica fosse anch'in lievissima dose solubile nell'acqua. Vi si instillarono gocciole di acido cloridrico fino a lieve reazione acida: poscia vi si operò con tanto carbonato di ammoniaca quanto bastasse a renderlo lievemente alcalino: egli restò perfettamente limpido, e per volgere di parecchi dì la sua diafanità non venne menomamente alterata.

Questo liquore fu evaporato, e il residuo fu posto in un crogiuolo di platino ben chiuso a infuocare. Ne conduceva a ciò triplice scopo, 1.° di distruggere quella poca materia organica, ch'era risoluta nell'acqua; 2.° di togliere il cloro al cloruro di magnesio, e conoscere con questo mezzo il peso dell'ossido di magnesio rimasto insolubile; 3.° di distruggere i sali ammoniacali.

Difatti fu la materia del crogiuolo mescolata ad acqua stillata bollente. La parte insolubile venne ancor qui versata in feltro di già pesato, il quale dopo le opportune riduzioni collocato nella bilancia diede in ossido di magnesio gram. 0,01750000.

Fu d'uopo convertire in prima l'ossido di magnesio in regolo metallico, e si ebbe dal calcolo magnesio puro gram. 0,01288000.

Vi si aggiunsero di cloro gram. 0,03600000.

In questo modo il cloruro di magnesio sceverato da ogni sostanza organica mostrossi in Gram. 0,048880000.

La parte solubile per mezzo della evaporazione prima inspessita, quindi tratt'a secchezza in istufa fra i 100 °C. e i 120 °C. venne pesata, e diede il netto di cloruro di sodio gram. 0,14580000.

Diremo dunque:

Sostanza organica gram. 0,06540000.

Cloruro di sodio 0,14580000.

Cloruro di Magnesio 0,04888000.

Totalità 0,26008000.

Avremmo perciò una differenza in meno di grammi 0,00210000, i quali rappresentano quella parte di materia organica, che da noi fu detta solubile nell'acqua.

Dunque materia organica solubile nell'acqua gram. 0,002100000.

Compiuto quanto poteasi riferire all'analisi quantitativa della parte solubile nell'acqua, procedemmo a quella della parte insolubile distinta colla lettera B.

B. Avea dato alla bilancia gram. 1,15320000.

Questo sedimento fu versato in acido cloridrico allungato con acqua. Ei vi rimase in tutto risoluto, meno una parte piccolissima che si raccolse giù in forma di posatura. Tutto fu gettato in un feltro a fine di partire dal liquido il fondigliuolo, che si trovò in peso di gram. 0,01647000.

Ma bruciando questa sostanza in un cucchiajo di argento avemmo certezza, ch'era puro zolfo: ond'è che diremo Zolfo Gram. 0,01647000.

Pertanto da gram. 1,1532000o.

Togliendo. 0,01647000.

Rimangono. 1,13673000.

Questa soluzione operata mediante l'acido cloridrico, con carbonato di ammoniaca fino a liev'eccedenza alcalina venne sciolta nei suoi principii. Per questo mezzo fu diviso il liquido in due parti distinte.

Una insolubile ε.

L'altra solubile ζ.

ε. La prima, che conteneva calce e ferro allo stato di carbonati, diè in peso Gram. 0,86050000.

Ora se da gram. 1,13673000.

Sottrarremo 0,86050000.

Il Residuo sarà 0,27623000.

ζ. L'altra che racchiudeva l'arsenico ed il carbonato di magnesia in Gram. 0,27620000.

Le quali sostanze eran state convertite in cloruri per le operazioni precedenti.

Fu nostro intendimento nell'investigare la parte insolubile ε. di separare il sale di ferro dal carbonato di calce, poiché ottenutosi il peso di quello, si sarebbe conosciuto ancora l'altro del carbonato terroso.

Tutto il sedimento pertanto fu distemperato nell'acqua stillata, inacidita al cloridrico. Si ebbe avvertenza di allungare la soluzione con aggiunta di altr'acqua per non far precipitar la calce, quando versavasi entro il liquido un soperchio di ammoniaca pura. Difatti non avvenne intorbidamento, Trascorso qualche tempo videsi un biancheggiare fioccoso, che convertissi di poi in una fondata di color gialligno, Nel liquido rimasto libero e tentato col cianuro di potassa giallo non apparve indizio di ferro. La posatura allora gettata sopra di un feltro diede alla bilancia un peso di sesquiossido di ferro in Gram. 0,01850000.

Che ridotto allo stato di protossido, e quindi a quello di carbonato di protossido dava

Gram. 0,0279000.

Diremo pertanto peso del sedimento ε. Gram 0,86050000.

Carbonato di protossido di ferro Gram. 0,02790000.

Residuo in carbonato di calce Gram. 0,83260000.

Sicché avremo di Zolfo 0,01647000.

Carb. di protossido di Ferro 0,02790000.

Carbonato di calce 0,83260000.

Totalità gram. 0,87697000.

ζ. La parte solubile, ch'erasi avuta dopo la reazione del carbonato di ammoniaca contenente, come fu detto, la magnesia, e l'arsenico, e che pesava Gram. 0,27629000 fu post'a cimento primieramente con acido cloridrico, in guisa che l'acido non essendo soverchio, desse reazione lievemente alcalina.

Vi si versarono indi gocciole di solfidrato di ammoniaca che produssero precipitato di color bianco sudicio, volgente al gialletto. Questo gettato in un feltro e lavato con acqua stillata subì l'azione dell'ammoniaca pura per isciogliere il solfuro di arsenico. Quell'ammoniaca venne raccolta in una cassuola. Il liquido ammoniacale fu abbandonato alla evaporazione a temperatura ordinaria sotto campana di vetro. Dopo il compiuto dissipamento dell'ammoniaca si pesò la ciotoletta coll'avanzo ivi contenuto, e fatte le opportune riduzioni si rinvenne il solfuro di arsenico Gram. 0,00700000 e per conseguenza arsenico Gram. 0,00398000.

La presenza di questo metallo vi appariva dal color rosso di mattone che formavasi col nitrato di argento ammoniacale in quel sedimento, già prima tentato coll'acqua regia, e distolto in acqua stillata; il che riconoscevasi pure all'odor di aglio, allorché venne gittata su carboni ardenti.

Ma il peso dei sali contenuti in questo liquido ζ. era gram. 0,27620000.

Il peso dell'arsenico 0,00398000.

Ne viene che il residuo in carbonato di magnesia sarà Gram. 0,27231000.

Noi abbiam tutte le ragioni per credere che l'arsenico ritrovisi in queste acque allo stato d'idrogeno arsenicale, Qualunque altra combinazione la si fosse, sarebbe precipitata dall'acido solfidrico, che in sufficiente copia vi rimane disciolto. L'averlo rinvenuto nei sedimenti dopo evaporazione avvalora questa nostra sentenza. L'unione dell'idrogeno collo zolfo e coll'arsenico non è di veruna incompatibilità. Noi abbiamo osservato, che la putrefazione della pianta criptogama di cui si è fatta parola è putente di lezzo così ingrato e nocevole da non poterne assegnar cagione che all'esalazione di aura eminentemente venefica.

A questo reo vapore più che all'acido carbonico, ed al gas solfidrico debbonsi i casi infelici di coloro, che arrischiarono di attuffarsi più volte nel lago maggiore; ad esso gli aliti, che infettano gli stanzini fabbricati sul ciglio dell'emissario, se non si attende a tenere aperto per alquanti istanti l'usciolino di entrata. In taluno di codesti ricetti vi fu chi cadde di tratto in deliquio, e rinvenne solo dopo di esser stato soccorso con aria fresca e libera.

Sì fatte esalazioni sollevansi in copia nelle maggiori vampe della state, se per alcuni mesi non sia caduta pioggia. Però anche nel verno dan morte agli ucelli e ad altri animali, che si posano incautamente sulle acque, o sulla riva attrattivi dal tepor dolce che tal laghi tramandano. Vi si ritrovano galleggianti sulle onde, o distesi sul lembo di essi. Avvi inoltre verso la parte orientale del lago maggiore alcuni luoghi acquitrinosi, nei quali le albule covano ed impaludano, ed ove la criptogama è in piena putrefazione. Guardisi ognuno di avvicinar queste mofete, specialmente nella stagione estiva; ei potrebbe pei mortiferi fiati che ne spirano corrervi pencolo di vita. Alcuni bracchi fiatando terra terra per levar l'animale di cui seguian la traccia vi rimasero estinti, ed un cacciatore che accorse per ritrarneli, caduto tramortito e ritornato a mala pena, ebbe a soffrir di poi midriasi con cecità temporaria dell'occhio sinistro.

Nel settimo di Virgilio leggiamo come il sacerdote del Dio Fauno, coricatosi nella notte su pelli di agnello distese in terra, vedesse ombre e simulacri volteggiare, e aggirarsi per l'aere scuro, e quindi entrato in colloquio colle Deità Acherontee e' ne ricevesse responsi e vaticini.

> ...sub nocte silenti
> Pellibus incubuit stratis somnosque petivit.
> Multa modis simulacra videt volitantia miris,
> Et varias audit voces, fruiturque Deorum
> Colloquio, atque imis Acheronta affatur Avernis

Ora un tal sognare dei Sacerdoti del Dio in vicinanza delle albule, allorché pollavano da varj fonti, debbesi a parer nostro all'esalazioni arsenicali; e da ciò quel veder fantasime, che l'ignoranza credeva doversi attribuire a pagane Divinità.

Valevoli argomenti erano codesti per persuaderci della presenza del metalloide allo stato d'idrogeno arsenicale. Pur se ciò ne sembrava vero per conghiettura, non lo poteva essere egualmente per quella manifestazione di lucida verità che a tali ricerche si addice. Un fatto nuovo dovea venir lumeggiato da esperimenti atti a non lasciar luogo a dubitazione veruna. L'idrogeno arsenicale era per certo commisto all'acido carbonico ed al gas solfidrico. La potassa caustica, che prende avidamente questi due ultimi fluidi elastici, dovea del pari ritenere a parer nostro il primo se' egli vi esisteva. I chimici affermano la niuna azione dell'alcali sopra questo idracido. Nel caso nostro però la potassa operava sopra un'idrogeno solfo-arsenicale: gas doppio, che come noi crediamo, vien formato allorché i due metalloidi zolfo ed arsenico (che non van quasi mai disgiunti) si trovano a contatto con acqua, e la risolvono nei suoi principii. Uniti poi questi fluidi elastici fra loro, e con gas acido carbonico penetrano la massa acquosa de' laghi, e in parte in quella ritenuti in parte liberi, costituiscono quella serie succedentesi di gallozzole, o sonagli che veggonsi comparire alla superficie delle albule.

Se pur un'atomo pertanto del metalloide fosse rimasto impigliato in quella, ciò bastava, poiché lo strumento di Marsch ne lo avrebbe disvelato certamente. Cosi avremmo causata la briga di raccogliere in vaso di cristallo i gas svolventisi da' laghi, e schivato il pericolo, che si corre chiudendo in recipiente l'idrogeno arsenicale. Noi dunque ponemmo a galleggiare una catinella vota sulle acque di amendue i laghi, là dove lo sviluppo gassoso era più abbondevole, e nel fondo di essa furonvi cacciati alcuni cilindri di potassa caustica e lasciativi stare per tre ore o in quel torno. Tratta la catinella alla riva, la potassa ne comparve annerita tutta, e sottinta quà e là di colore che nel rosso galleggiava; la parte poi ch'era caduta in acquosità mostrava un fondo nero. Il tutto fu soluto in acqua lambiccata, e feltrato dipoi si ebbe un liquor chiaro, ed un sedimento nero aderente alla pagina della carta, che ci avea servito ad uso di feltro.

Il liquore chiarito venne combinato con acido solforico lino a lieve eccedenza acida, e sviluppò idrogeno solforato. Il solfato di potassa in questa maniera ottenuto venne affondato mediante lo spirito di vino, e per conseguenza nel chiaro doveasi contenere l'arsenico s'egli vi esisteva. Codesto liquore sceverato da' sali di potassa fu messo a fuoco tanto che consumasse: sul residuo secco venne instillato acido nitrico, che dipoi ancor esso a fuoco fu tratto a secchezza; il poco residuo venne risoluto in acqua stillata e collocato nello istromento di Marsh, e diè alcune macchie splendenti che aveano tutti i caratteri dell'arsenico. Elle non potevano appartenere alla potassa, non all'acido solforico ed all'acido nitrico, perché l'una e l'altra di queste due sostanze cimentate collo stromento medesimo non aveano improntato sulla porcellana alcun vestigio arsenicale, Questo fatto confermava le nostre congetture e dimostrava con piena evidenza l'esistenza nelle albule del metalloide arsenico allo stato d'idracido.

In questo sperimento non fummo lievemente sorpresi del color nero con macchie rossigne inverso il giallo che avea preso la potassa, allorché fu esposta all'esalazione del due laghi. Epperò sul sedimento di questo colore ch'era rimasto sul feltro fur rivolte le nostre ricerche. Dopo varii tentativi ci convincemmo essersi formato solfuro di ferro, di quel ferro s'intende, che si trovava commisto alla potassa di commercio, della quale ci eravamo serviti nei nostri sperimenti. Da ciò si deduce esser pericoloso prendere i bagni delle albule in luoghi chiusi. Forse questa fu la cagione, dello aver abbandonato il sistema delle terme, anche allorquando un Mancini di Tivoli ne tentò la ripristinazione sullo finire del secolo XVI. Savio consiglio crediamo sia stato quello di stabilire i bagni sulla riva sinistra della Fossa Estense. La Società Tiburtina si accinse a fabbricarvi alcuni ricetti, per fruire di queste acque all'aperto. Finora l'esito ha corrisposto ai comuni desideri, e se cotali ricetti, senza aumentarne l'ampiezza verran fabbricati di muro, se aria libera penetrerà in essi, se come si ha luogo a sperare una piantaggine di alberi verrà a rallegrare quella campagna, e a tutto questo si aggiungeranno alcune stanze terrene per intrattenimento, e ricreazione, i bagni di Tivoli verran frequentati al pari delle più famigerate acque. Solo vogliamo siano avvertiti quelli che si conducono alle bagnature non esser mestiero agitarvisi troppo e farvi esercizi di nuoto, e ciò affine di non isvolgere i gas, che in così larga copia rimangono risoluti nell'acqua non men dei laghi, che dell'emissario.

RISULTAMENTI

DELL'ANALISI QUANTITATIVA DELLE ALBULE
IN UN LITRO DI ACQUA.

Temperatura costante........................	24.° C.
Peso specifico a +12.° C. sotto la pressione di M.0.76............	1000,999.

Gas acido carbonico..................	In volume Litr............	0,7200000.
	In peso Gram.............	1,42543600.
Idrogeno solfo-arsenicale...	Gas solfidrico	In volume Litr............	0,19500000.
		In peso Gram..............	0,02325677.
	Idrogeno arsenic.	In volume Litr............	0,00118500.
		In pero Gram.............	0,00414800.

SALI ottenuti per l'evaporazione di un litro di acqua

Grammi 2,58410000

A. 1,43080000. solubile nell' acqua	α. 1,16860000	0,27171020	Sotto borato di soda
		0,89688470	Solfato di calce.
	β. 0,26210000	0,06750000	Sostanza organica
		0,04888000	Cloruro di magnes.
		0,14580000	Cloruro di sodio.
B. 1,15320000. insolubile nell'acqua	ε. 0,87697000	0,01647000	Zolfo.
		0,02790000	Carb di P.O. di ferro
		0,83260000	Carbonato di calce
	ζ. 0,27629000	0,00398000	Arsenico
		0,27231000	Carbon. di magnes.
	»	»	Bromo tracce.

IDROGENO SOLFO-ARSENICALE.

In un Litro	Zolfo	0,0164742625.
	Idrogeno	0,0069343011.
	Arsenico	0,0039895464.

0,0273981100.

FONTI STORICHE SULLE ACQUE ALBULE

Le sontuose terme di Agrippa, i cui ruderi maestosi s'innalzano tuttora alla riva del lago delle isole natanti fan prova tuttora eloquente del conto in che gli antichi Romani tenessero la salubrità di quelle acque, e come se ne giovassero alla cura di molteplici infermità.

Rimane però controverso, se prima di Augusto gli avi nostri usassero alle albule. Le iscrizioni riportate da Antonio del Re, dal Marsi e dal Fabbretti tengono più ai tempi dell'Impero, che alla Republica. Virgilio solo nel citato libro discorre brevemente del culto religioso prestato ad esse dagli abitanti dell'Italia descrivendo il Re Latino condottovisi a consultare l'oracolo di Fauno[17]. Tuttavia ne giova credere, che fin da que' tempi fosser tenute in molto pregio sia per risarcir piaghe, sia per espiare interni malori, e che per tal fine venissero salutate col titolo di *sanctissimae*.

---

[17] At Rex sollicitus monstris oracula Fauni
Fatidici genitoris adit, lucosque sub alta
Consulit Albunea, nemorum quae maxima sacro
Fonte sonat, saevamque exhalat opaca mephitim.

Del resto, cheche ne fosse 'gli é certo, che sotto l'impero di Augusto vennero in onore, perocché lo stesso Cesare ne fruì per consiglio forse di Antonio Musa, e ne trasse giovamento nella sua mal ferma salute.

Per quel che concerne all'interpretazione del passo di Virgilio dianzi citato, ne arrise di preferenza l'opinione più comune dei commentatori. L'Epico latino parla di responsi dati in un bosco della selva Albunea, già contrassegnata per lo scorrere fragoroso di una fonte e per lo esalar di vapori fetenti. La mancanza di questa fonte persuase il Nibby a dichiarare contraria al vero l'affermazione dei glossatori fra quali di Servio, e di locare in quella vece nella solfatara di Ardea l'oracolo di Fauno. In questo parere ei venne seguito dal Canina, ed appoggiato anche alla autorità dell'Amati, e' suppose che il nome di albunea appartenesse alla selva che sorgea colà sopra un suolo biancastro gremito di zolfo, e che ivi fosse Un laghetto, una caduta di acqua, e a dimora del Nume un'antro che rendeva i responsi. Noi senza pretendere di disputare o di meritar fede in questioni estranee a' nostri studii, pur non dubitiamo qui di asserire che il bosco sacro *lucus* era uno spazio di terra spianato dedicato ad un Nume con folto onore di alberi educati dalla mano dell'uomo *(arboribus de manu consitis)*.Virgilio si esprime collocando questo luco, come fu detto, nell'albunea, la quale perché alta immensa, opaca doveasi estendere dalla pianura ai monti tiburtini.

Ch'ella fosse poi in questo luogo ne lo attesta Orazio il quale nell'Ode intitolata a Munazio Planco ce la indica presso la sua casa in Tivoli.

Me nec tam patiens Lacedaemon,
Nec tam Larissae percussit campus opimae
Quam domus Albuneae resonantis
Et praeceps Anio, et Tiburni lucus, et uda
Mobilibus pomaria rivis. — *lib. 4 Od. VII.*

Da questo passo del Venosino come ognun vede rilevasi essere stata la risonante Albunea in vicinanza del bosco di Tiburno, della caduta dell'Aniene, e dei pomieri verdeggianti alle rive di questo fiume. Anche secondo Acrone la casa di questo poeta era vicino all'albunea, risonante per l'acqua che esciva da una fonte in essa esistente, e così chiamata da una Ninfa del medesimo nome. Se poi ad autorità così gravi quella piacesse aggiungere di Lattanzio Firmiamo, avremmo che il nome di albunea fu dato alla Sibilla Italica venerata in Tivoli qual dea, laonde è a credersi, che con tale appellazione avessero i Tiburtini dedicato la vicina selva a quella patria divinità.

Per quanto abbiamo esposto rimarrebbe provato, che la selva albunea sorgesse appunto colà sul clivo di Tivoli, estendendosi per la bassa pianura. Tale opinione acquista maggior fede se si avverta, che ad essa competono ancora gli altri due attributi da Virgilio accennati, il primo cioè dello esalarvisi un putido odore, l'altro del romoreggiarvi una fonte.

E quanto al primo, la parte inferiore della selva per certo fu sotto l'ingrata esalazione del gas idrogeno solforato. Per le diligenti ricerche del Canina si trovò, che il canale delle albule, dopo 360. metri di tortuoso giro facea capo all'Aniene poco sotto il ponte Lucano. Egli era ben naturale, che nel lungo corso del canale per entro la selva dovesse svolgersi copia grande di questo gas, siccome avviene oggidì nell'emissario scavato dal Card. Ippolito d'Este.

Sembra più arduo a spiegare il secondo attributo, vogliami dire la presenza di un fonte, il cui romoreggiamento facesse dare alla selva l'epiteto di risonante. Certo che niun fonte rinviensi sulla china del monte, né sulla pianura. Ma noi giudicar non dobbiamo del luogo siccome si vede oggidì, ma piuttosto figurarcelo qual'era a' tempi di Virgilio. Strabone scrittore quasi contemporaneo del Mantovano nel descrivere questo luogo, dice che le Albule traevano da molti fonti[18], né dà cenno dei luoghi quali or li vediamo.

Anche Vitruvio[19] parlando delle albule si esprime in questo modo, su*nt. etiam odore et sapore non bono frigidi fontes, ut in Tiberina via flumen Albula.* Pausania poi, che fiorì sotto gli Antonini, cioè intorno alla metà del secondo secolo, afferma di aver veduto egli stesso, la mirabile mostra che di se facean quelle fonti anche a' suoi tempi[20]. Se vi fossero stati laghi adunque non è da credere, che quei diligentissimi non li avessero descritti, tanto più che doveano rimanere maravigliati nel vagheggiare lo spettacolo delle isole natanti. Narra Seneca di aver osservato questo fenomeno nel lago Stazionense, e in quello di Contigliano e di Vadimone[21],

---

[18] Αλβουλα χαλουμενα ῥεῖ ὕδατα ψυχρά εχ πολλῶν πμγῶν. Albula nuncupata fluit frigidis aquis e multiplici fonte.

[19] Lib. 8. c. III.

[20] Καὶ ὅσαι μέν πηγαὶ θαῦμα ἰδεῖν χαὶ ἰδόντι, τοσαύτας θεασάμενος ὅιδα.
Atque has quidem aquas, ingenio fontium plane admirabili, ipse sum conspicatus. Lib. IV. c. XXXV.

[21] Ipse ad Cutilias natantem vidi insulam; aliam in Vadimonis lacu, aliam, in lacu Stationensi. Cutiliarum insula et arbores habet, et herbas nutrit; tamen aqua sustinetur: et in hac atque illa parte non tanto vento

e Plinio come saggiamente avverte il Kircher non avrebbe dimenticato di narrarcelo[22]. Non è da credere poi, che Strabone e Vitruvio Romano abbian voluto descrivere più fonti invece dei laghi ivi ora esistenti. Percorrendo la riva del lago maggiore a libeccio ognuno di leggeri potrà discernere ben otto polle di acqua quali più quali meno rigogliose, e ne avrà assai piena certezza sol ch'e' getti un pugno di terra lungo quelle onde, che di sotto scaturiscono. La polvere sostenut'alcun tempo a galla ne verrà cacciata intorno intorno in forma di cerchio, e indicherà l'esistenza e il numero delle fonti, delle quali dier cenno Strabone, Vitruvio ed altri. Il passo di Strabone ne porge idea dell'abbisso, che soccavato intorno intorno dalle albule, va tuttora sordamente sempre più affondando in questa campagna, come abbiamo di sopra accennato. Invero di varii scoscendimenti ne dà prova un laconico delle antiche terme il quale anch'oggidì sì vede uscito di piombo e maggiori ne seguirono probabilmente allorquando le acque nell'antico emissario ingorgate e chiuse dilagarono il piano, e fermaronsi quete per circa dieci secoli nella vicina campagna. Noi crediamo pertanto, che dall'istante in cui il nuovo canal'estense spaludò la pianura apparissero cangiati gli antichi fonti nei presenti laghi.

Simili avvallamenti non sono infrequenti nel nostro suolo. A poca distanza dal lago delle Colonnelle verso tramontana esiste un'altro laghetto detto di S. Giovanni, perocché secondo un'antica tradizione in

impellitur, sed aura. (Natur. Quaest. p. 230).
[22] Plinius de hujusmodi natantibus insulis suo tempore nullam mentionem fecit, cum tamen exacte multo levioris momenti naturalia hujusmodi peregrina spectacula exhibuerit (loc. cit. p. III. c. IV).

questo dì mentre i contadini trebbiavano il grano, il terreno si sprofondò, e l'aja ove facevasi la trebbiatura cangiossi di repente in un lago, Un pari fenomeno è intervenuto non ha guari nelle vicinanze di Leprignano. Si vide d'un tratto il terreno già preparato per la semente adagio adagio piegarsi nel mezzo e quindi staccarsi intorno e precipitar giù con fragore e con globi di fumo, che lanciarono massi enormi a gran distanza, e l'ampia voragine empirsi in ultimo di acqua fin quasi a ribocco[23].

Ma sia ciò detto per modo di passaggio, e di digressione, e ritornando al nostro ragionare potremmo asserire con apparenza di verità, che la non isperata guarigione di Augusto mosse Agrippa ad innalzare presso alle albule un edificio ad uso di terme, la cui magnificenza ben conveniva al genero del Dominatore del mondo. Non è fuori di probabilità, che quelle terme fosser le prime vedute in Roma, poiché diedesi lodo ad Agrippa dell'aver introdotto l'uso di queste instituzioni balnearie, che gli antichi Romani chiamavano *Balneae structiles,* per distinguerle da altre nutrite da acque calde *sponte calentes, ut in Bajis et Aponi fonte.* Nulla mancava in esse; non il bosco di platani per ispaziarvi, non le vasche per notare, non le celle pei lavacri, e pei bagni, non gl'ipocausti e i sudatorii, non gli spazi pei passeggi scoperti *(subdiales),* non i portici per ricreare lo spirito. Dagli avanzi ivi raccolti apparisce, quant'elle fossero doviziosamente adorne di marmi e di statue. Il Ficoroni parla di sedili di marmo ivi rinvenuti. Il Bacci di pareti ricoperte di musaici. Quinci vennero tratte

---

[23] Ponzi sulla eruzione idro-solforosa avvenuta nei giorni 28, 29, 30 di ottobre 1850 presso il paese di Leprignano.

alcune colonne di serpentino per decorare la Basilica Costantiniana[24], e le altre di marmo tiberaico che spiccano sulla facciata del Palazzo Farnese, e quelle non meno preziose che adornavano la sala del Palazzo di Giulio III fuori della porta Flaminia. Eravi pure un luogo intitolato ad Apollo, ed indicato dalla bella statua di quel Nume, che presentemente ammirasi in Campidoglio. Qui un ricetto sacro alle Muse pei simulacri di esse ivi rinvenuti. Qui finalmente era raccolto quanto potesse servire di ristoro al corpo, e d'innocente distrazione allo spirito.

Nelle scavazioni, che si fanno in quest'anno per ordine del governo, e per le quali si venne a disegnare su carta la pianta di quest'edificio, apparisce siccome ivi fosser condotte mediante un canal di muro le acque del lago delle Colonnelle, perchè superiori di livello di M. 0,85 a quelle delle Isole natanti. Collo sgomberare poi le macerie; e le terre da tanti anni raunate, e col ricercare le parti, e gli usi di queste terme, si sono rinvenuti gli stanzini terreni destinati a' bagni co' loro pavimenti lavorati o di mattoni accoltellati, o di pezzuoli di marmo bianco e colorato, e quà e là frammenti di rosso antico, con cui veniano lastricat'i pavimenti, o iintarsiate le pareti, e inoltre molti quadroni di terra cotta per uso di murare con suggello, che portava la seguente iscrizione:

---

[24] Erat enim fabrica haec Thermarum ampla, et columnis ex ophite, quem serpentinum vocant, lapide suffulta, quae deinde avulsae Romam allatae feruntur, et eae putantur esse, quas Constantinus Imperator in Ecclesiae Lateranensis a se fundatae ornamentum applicuit.
Loc. cit. P. III cap. IV p. 202.

1.° Marchio con un basto di Mercurio nel mezzo

EX. PRE. LVCILLAE. VERI. FIGVLINIS
TERENTIANI. OPVS. L. S. F.

2.° con un dolio nel mezzo

EX. PR. CLAVDI. SECVNDI
LVCILLAE. VERI

3.°

OPVS. FIG. FORTVNATI
DOM. LVCILLAE

4.°

OPVS. FIGVLINVM. DOLIAR. DE. PR
VIBI. AIACIANI. AB. APPIO. QVADR.

5.° frammentato

.... EX. PREDI ....
.... E. AVG ....

Sia che le acque superiori in appresso montassero più alte, sia che crescesse via via il livello del lago inferiore, sia che l'una e l'altra di queste cagioni avvenisse, la qual cosa ha più ragionevole probabilità, il piano delle terme venne inondato. Questo allagamento prodotto dal facile ingorgar delle albule nell'antico emissario, come Seneca ricorda, obligò gli antichi Romani a impostare sui fianchi delle pareti, e sul pavimento degli archetti di muro, o volticelle, le quali sollevarono il piano. Questo provvedimento non raggiunse a quel che sembra durevolmente lo scopo, e per nuovi ringorgamenti, arrestate le acque nel loro corso trapelar dovettero dal piano del nuovo ammattonato, ed allagar le stanze e dar cagione, forse pei gas che vi si raccoglievano, di abbandonare un'edificio fabbricato con tanta sontuosità. Difatti sotto queste basse volticelle si è trovata acqua che tramandava fetor nidoroso infestissimo, o terra trasportatavi dalla corrente, o una deposizione di calce carbonata foggiata in sottili laminette composte dei medesimi principii, che le albule abbandonano per mezzo di evaporazione.

Gli antichi autori di medicina per ben sette secoli, cioè da Antonio Musa a Paolo d'Egina furon tutti concordi nello esaltare la virtù medicatrice di quest'acqua. Dopo quello però, che ha lasciato scritto l'Egineta non troviamo ne sia fatta più parola fino al 1563, nel qual anno queste acque poco dopo la scavazione dell'emissario vennero visitate dal Bacci.

Se dell'eccellenza delle acque minerali avesse a giudicarsi da quanto ne scrissero gli antichi, niuna ve ne avrebbe tra le molte, che rampollano nel nostro suolo, la quale potesse a mio credere stare a paraggio delle albule. Molto si buccinò in lode delle Caje nel Viterbese, delle Traiane presso Civitavecchia, delle Stigiane e di quelle di Vicarello nelle vicinanze del lago Sabbatino. Quest'ultime specialmente più delle altre salirono in fama, e ben lo dimostra la stipe in esse gittata, e tributata alla divinità, che avea in custodia la fonte fin da tempo molto anteriore alla fondazione di Roma, siccome con fior di dottrina ha provato l'illustre P. Marchi della Compagnia di Gesù[25].

Molto di esse favellarono gli antichi e già Strabone fè parola dei bagni Ceretani, perchè molto profittevoli[26]. Encomiò del pari altre acque dell'Etruria, e le ebbe in pregio di medicinali[27]. Scribonio Largo additò per debellare i mali della vescica talune acque termali della vicina Etruria a cinquanta miglia da Roma, e le disse da questa loro efficacia *vesicariae*[28]. Elle corrispondono ad un luogo posto sulla via, che da Civitavecchia conduce a Corneto a quattro miglia distante dalla prima di queste due città, per dove passava una via, che dalla Claudia portava a Centocelle per la valle dei bagni di Stigliano. Difatti a lato destro della strada in corrispondenza di un luogo chiamato Castagnuoletta si vede ancora una sorgente calda di acqua minerale idro-solforata.

Tibullo infine parlò delle acque termali etrusche[29]; né si hanno altre memorie scritte sulla virtù loro

---

[25] La stipe tributata alla Divinità delle Acque Apollinari. Roma 1852.

[26] Η δέ ὅυτω λαμπὰ χαὶ ἐπιφανὴς πόλις, ἴχνη νον σὼζει μόνον. εὐανδρεῖ δαὐτῆς μᾶλλον τὰπλησιον ϑερμὰ, ἄ χαλοῦσι Καιρετανα, δὶα τοὺς φοιτῶντας ϑεραπείας χάριν. Strab. Lib. V. c. ß. §.3.

[27] πολλή δὲ χαὶ τὼν ϑεμῶν υδάτων αφϑονία χατά τήν Τυρρηνίαν ἄπερ τῶ πλησίον εἶναι τὰς Ρώμης ὀυχ ῆττν ευανδρβῆ τὼν ἑν Βαῖχις ἄ διωνόμαστά τολύ πάντωυ μὰλιστα. Loc. cit. Lib. C. ß. § 9.

[28] Ad tumorem et dolorem vesicae et exulcerationem benefacit aqua in qua ferrum candens demissum est. Hoc ego traxi ab aquis calidis, quae sunt in Tuscia ferratae, et mirifice remediant vesicae vitia. Appellantur itaque vesicariae, qui locus quondam fuit Milonis Gracchi praetoris hominis optimi ad quinquagesimum lapidem. Composit. Med. CXLVI.

medicatrice. Non così fu delle albule. Molto di esse, e da molti si disse: ed il modo di adoperarle, e le malattie nelle quali si consigliano, vennero indicate con una cotal precisione da non potersi desiderar la maggiore; talché poco o nulla più è d'aggiugnere a quello, che ne hanno riferito gli antichi.

Virgilio siccome già dicemmo ne avea già data notizia della religiosa osservanza in ch'erano codeste acque in Italia da ben quattro secoli innanzi la fondazione di Roma. E ciò pei responsi che rendeavi l'oracolo del Dio Fauno[30]. Onde furono considerate come cosa sacra forse per la medicatrice loro virtù. Svetonio riferisce averne usato pei propri malori Augusto[31]; ed averle condotte in Roma Nerone nel suo palagio aureo per mescerle alle acque marine e giovarsene ad uso di bagno[32]. Strabone in ciò seguito da Pausania dichiara queste acque utili a molte infermità[33]. Plinio le decanta nella cura delle ferite[34]. Celio Aureliano in quella della paralisi, dell'artritide, della podagra[35]. Archigene nelle inappetenze, e nella

---

[29] At vobis Tuscae celebrantur numina Lymphae,
Et facilis lenta pellitur unda manu.
Lib. III. Eleg. V.
[30] Hinc Italae gentes omnisque oenotria tellus
In dubiis responsa petunt.
[31] At quoties nervorum causa marinis calidis albulisque utendum esset contentus hoc erat, ut insidens ligneo solio quod, ipse hispanico verbo *duretam* vocabat, manas ad pedes alterius jactaret. Svet. in Aug. § 82.
[32] Balineae marinis et albulis fluentes aquis. loc. cit. in Ner. § 31.
[33] πρός ποιχίλας νοσους. Lib. V. c. γ. § 11.
[34] Iuxta Romam albulae aquae vulneribus medentur; egelidae hae. Plin. lib. XXXI § VI.

lassezza di stomaco[36], e Galeno nelle ulceri e nei flussi[37], Aezio, e Paolo Egineta finalmente nelle ulceri, nelle dispepsie, nell'emorragie, e nei mali di vessica. L'Aezio fra questi si diffonde a indicare il modo e il tempo in cui debbono venire amministrate così per uso interno come per bagni[38].

Alcune inscrizioni rinvenute fra le ruine di quella terme attestano l'antica rinnomanza di queste acque. Oltre quella riferita dal Fabretti, di cui abbiamo ragionato di sopra, e nella quale si dà alle albule il

---

[35] Etenim albae sive albulae, quae sunt appellatae, quod, sint frigidae virtutis solutione laborantibus vel fluore quorumlibet officiorum naturalium a veteribus sunt approbatae. Paral. lib. II. cap. I. p. 361.
Item usus adhibendus aquarum naturalium calidarum tum frigidarum, quae sunt appellatae albulae, vel cutiliae. (Art. et Podagra lib. V. cap. II).
[36] Caeterum naturales aquas experiri non inutile fuerit, aluminosas videlicet, sulphurentas et consimiles, quales sunt albulae (in Aetio).
[37] Aquae quia etiam aluminosae, quales sunt in Italia, vocatae albulae, cum aliis ulceribus idoneae sunt, tum vero quaecumque fluxionibus tentantur, ea perfacile desiccant. Gal. T. V. de simpl. Med. Facult. lib. I. cap. 7.
[38] Conferunt itaque aquae albulae, si adsint, et consimiles post matutinam deambulationem trium heminarum mensura prima die potae, deinde usque ad quinque et sex heminas perveniendum: ad hoc enim quod intestinum eluunt, aer etiam ipsarum fulignosus vesicam ad doloris sensum percipiendum hebetat, et humoribus segregatis puriorem ac lucidiorem sanguinis vaporem reddit; quin et ipsae aquae ulcera utiliter repurgant, et cum voluptate in ea subeunt; atque adeo nil aegro sanando efficacius deprehendi possit. Hora autem calidior ad eas recipiendas apta est. Aetius serm. II. cap. XXX p. 197.

nome di *sanctissimae*[39], un'altra ci lasciò memoria della visita che lor fece Cesare Augusto[40]; mentre le altre ci dan notizia di un Severo, di un Umbreno, di un Enelado, che usando felicemente a que' bagni ne lasciarono rimembranza votiva, com'è a vedersi presso il Grutero, e presso il Muratori[41].

---

[39] AQVIS. ALBVLIS
SANCTISSIMIS
VLPIA. ATHENAIS
M. VLPII. AVG
LIB. AB. EPISTOLIS
VXOR
LIBENS
D. D.
Fabretti p. 432.
[40] AD. AQVAS. ALBVLAS
.... CAESAR
AVGVSTVS. EX. S. C.
.... P. CCXL.
[41] C. CLAVDIVS
TI. F. QVIR.
SEVERVS
....
....

AQVIS. ALBVLIS. SA ....
G. VMBRENVS
LAVICAN. PRO
SAL. S. V. S. L. M.

....LBVLIS. D D.
....ELADVS. AVG. LIB.

PROPRIETA' TERAPEUTICHE DELLE ACQUE ALBULE

Noi crediamo, che la celebrità delle albule attestata da così gravi autori, e mantenuta costantemente per tanti secoli debba riferirsi a diverse cagioni. Prima di tutto le albule essendo soffredde, anzi di mezzano calore *egelidae*, come le chiamò Plinio, doveano essere attissime a bagni confacenti a certe particolari infermità, voglio dire a quelle in cui fa d'uopo assodare la fibra, anziché rilasciarla. Esse per questa ragione, e per la quantità di sali, che tengono in dissoluzione eran preferibili d'assai alle marine. Ed in oggi che in Germania il Priessnitz ha introdotto come mezzo terapeutico il bagno freddo, verrebbero ad esser le nostre acque perché né troppo calde, né troppe fredde di assai maggiore utilità.

Per la qualità, che hanno di essere ad una temperatura costante 24 °C. possono essere agevolmente portate a quella di 32 °C., ossia del bagn'ordinario. Il che riusciv'agli antichi Romani sommamente spedito per la comodità delle terme ivi da loro fabbricate.

Il pregio massimo di queste nostre acque si è quello di contenere in dissoluzione una gran quantità di gas acido carbonico, pregio, che non han certo le acque termali di Viterbo, di Civitavecchia, di Stigliano e di Vicarello. Aggiugni una discreta quantità di gas idrogeno solforato ed una maggior copia di sali di calce, di soda e di magnesia. Il principio mineralizzatore il più efficace crediamo sia l'arsenico, il quale in esse ritrovasi allo stato gassoso, e in minor dose che nelle acque termali Tolfetane[42], ed in maggiore che nelle Traiane.

Queste condizioni le rendono preferibili per uso interno all'une ed all'altre. Come l'uomo vi s'immerge

---

[42] Nell'Itinerario di Antonino si nota la stazione *ad Aquas Apollinares*, sulla via Cornelia, che conduceva a Cossa, 19 miglia più su di Cere, e 13 miglia più in qua di Tarquinia. Per queste indicazioni le acque Apollinari corrisponderebbero alle terme Tolfetane:

Aliter a Roma Cossam M. P. LXI.

Caere.... M. P. XV.

Aquas Apollinare.... M. P. XIX.

Tarquinias.... M. P. XII.

Cossam.... M. P. XV.

Anche la Peutingeriana su questo argomento viene a raffermare la nostra opinione. La stazione delle acque Apollinari era in un diverticolo tuttora esistente della via Aurelia al di là di Castro Novo (Capo Linaro), vocabolo forse corrotto da *Apollinares,* e diciamo in un diverticolo, poiché la distanza tra queste due stazioni non viene indicata in miglia, ma segnata con asterisco. Or posta la distanza di 12 miglia da Tarquinia (Corneto), e di miglia 19 da Cere sulla via Cornelia, come la indica l'Itinerario di Antonino; posto il sito di esse al di là di Castro Novo, come lo segna la Peutingeriana, codeste acque non possono cadere in altro luogo se non alla Tolfa.

ha una impressione di freddo, che tantosto dileguasi, succedendo in quella vece un senso di calore e di costringimento in tutta la superficie del corpo. Questo fenomeno venne avvertito anche da Vitruvio, e da Pausania[43].

Allorché il corpo rimane coperto dalle acque vi biancheggia per modo, che lo diresti di latte ovvero di gesso. Codesta colorazione si deve attribuire a innumerevoli bollicine ripiene di gas acido carbonico, che stanno aderenti alla pelle, e che ad una lieve soffregaggione colla palma della mano se ne distaccano; ma distaccate ritornano, e velano il nostro corpo riparandolo in questa guisa dal contatto troppo immediato dell'acqua. Ecco la ragione per la quale quest'acqua, sebbene a temperatura più bassa del nostro corpo non produce sensazione di freddo. Le bolle di gas formano uno strato *coibente* attorno attorno, il quale si oppone alla dispersione del calore animale.

Primo il Bacci nello scorcio del secolo decimosesto imprese a rilevare la medica efficacia di queste acque, rivendicandole all'antica fama. In quella sua opera *de Thermis* e' fa conoscere in qual modo le albule, dappoiché non dilagarono più la pianura tiburtina acquistassero ogni dì vanto più solenne, sia che per bevanda venissero amministrate, sia che per bagno prescritte[44]: attenua, ei dice, quest'acqua le renelle, e i

---

[43] Exteriusus hac frigidae sunt, mox ingredientibus mirifice calidae, et quo magis subsident magis calidae. Ρωπαίοις δέ ὑμὲρ,τὴν πόλινδιαβάντων τον Ἄνιον ὀνομαζόμενον ποταμὸν, ὓδωρ λευχον εστιν. ανδρι δέ ἐσβάντι ἐς ἀυτό, τὸ μὲν παραυτίχα ψυχρόν τε πρόσεισι χαὶ εμποιεῖ φρὶχηω, επισχόντι δε ολὶγον ἄτε μαχον θερμάινει τό πυρωδὲσταταν. Paus lib. IV. c. 35.

calcoli, riconforta lo stomaco indebolito per umida temperie, eccita l'appetito, tempera l'ardore eccessivo dell'urina, deterge le ulceri della vessica, attenua le viscosità, rimargina le ferite recenti; come pure utilissima riesce nelle croniche flogosi del fegato, e nelle postulazioni che da esse dipendono, giova nel mal venereo, e in alcuni tumori ed ulceri provenienti da flussione. Se il Bacci annunzia il valor delle albule nella cura delle renelle (Microliti), e dell'affezioni calcolose delle reni e della vessica (Uroliti), ragion vuole, che le si debbano considerar proficue anche nella gotta. Queste due affezioni stringonsi fra loro per tanti legami, che a buon diritto si disse aver elleno principio dalla medesima cagione, cioè da sovrabbondanza di acido urico. Quindi gli urati, insolubili di calce, e di ammoniaca che in taluni si posano lungo il tramite dei doccini, e meati urinarii o in forma di renelle, o di calcoli, o in quella di pietre più o meno voluminose; ed in altri si annidano fra le membrane articolari e le parti adjacenti, ingenerando raccoglimenti della stessa materia, che fin da Ippocrate venner chiamati calli tufacei (επιπωρώματα).

Il Bacci non dà cenno, che le albule combattesser la gotta. Ma per quello, che noi ed altri abbiam veduto possiamo accertare la possente virtù di esse in così fatto malore. Non diciamo di proporle siccome rimedio sicuro contro di un male protervo, che non si è potuto finora con alcuna medela radicalmente espugnare, ma sosteniamo, aver in esse trovato molti gottosi sollievo ai feroci dolori, e riottenuta se non piena libertà di movimenti, certo una tregua alle crudeli molestie ed un ristoramento delle funzioni

---

[44] Cum multa in dies laude instaurantur. p. 296. 33.

nutritive. Oltre ai bagni poi se le si porgano anche per bevanda da due a cinque bicchieri come Aezio le prescrive, l'alleviamento, e la cessazione dei dolori gottosi addiviene più pronta e più durevole. In questa dose esse sono comportabili allo stomaco, né l'aggravano di soverchio: ma veramente le si debbono usare nel luogo proprio.

Al primo immergersi nell'emissario per ora destinato ad uso di bagni prova il gottoso una sensazione di frescura, e nel medesimo tempo di frizzamento o sul dito grosso del piede, o sulle altre parti ove la gotta era solita di comparire. Dopo il primo bagno non trapela sudore dalla cute, ma spicca ben dopo il secondo, sia che l'infermo ritornato in città si corichi in letto, sia che attenda a' propri negozìi: e sempre l'umore nei risudamenti dalla pelle sparge odore di zolfo.

Uno de' primi effetti nel bere le albule per la possanza loro solutiva è la mossa del ventre più volte in un dì, e ciò senza dolori e senza gorgogliamenti. Le egestioni di poi prendono regolare andamento. Ma se dall'un canto codeste acque muovono l'escrezioni alvine, e riordinano le funzioni del tubo gastro-enterico, dall'altro fanno fluire in copia maggiore le urine e provocano maggior'esalazione cutanea. Queste condizioni come si oppongono alla formazione dell'acido urico così spingon fuori dalle reni e dai condotti escretori ogni posatura di renelle, e preparano altresì facile via a discacciare le altre concrezioni urinarie più voluminose, siccome sovente abbiamo avuta occasione di osservare.

Potremmo arrecare molti esempi di guarigione della gotta, ma sarem contenti riferir solo quelli che si appartengono alla tufacea, cronica e pertinace.

Nella state del 1851 conducevasi a visitar codesti bagni il P. Radoni dell'Ordine di S. Francesco di Paola; avea egli l'estremità superiori ed inferiori torpide rattrappate, ed inette a qualunque movimento. Tumid'eran le giunture, sformat'ed affette d'ancìlosi. Impotente ad immergersi nel canale ebbe ricorso all'aiuto di molte persone; ed avvegnaché fosse così mal concio, dopo venti bagni raccquistò l'uso delle mani, e de' piedi. Nell'anno seguente ritornò alle bagnature delle albule, e gli accessi di gotta non si ripeterono più mai.

Non men contumace, tormentosa e durevole era la gotta da cui venia affetto l'isdraelita Console Toscano. Ognora in preda a tormentosissime traffiggiture volle pur fars'immergere nel canale, e con soli 12 bagni ebbe sì spediti e franchi i movimenti dei ginocchi, e dei piedi, che senz'ajuto saltellando di gioja, poté con meraviglia di tutti da se solo continuarne l'uso, ed uscirne guarito. Anche Paolo Flamini tiburtino risanò perfettamente al ventesimo bagno, e Cocchi Ignazio al trentesimo. La guarigione però di cui più si è favellato è stata quella del sig. Conte Dandini Assessore di polizia. Ei non ha raccquistato per certo la piena facoltà di muovere l'estremità inferiori a cagione degli umori podagrici formali e rassodati nelle articolazioni a guisa di tufo; ma le giunture se non libere son rimaste indolenti. Egli ha potuto di per se rimontare a cavallo, né ha più risentito gli effetti di quella gotta feroce che avea resistito con pervicacia a qualunque farmaco e ad ogni altro terapeutico argomento.

Per le affezioni reumatiche parrebbe non avessero le albule a considerarsi di tanto profitto come per la gotta.

I bagni caldi ad elevata temperie, e i continui sudori sono gli spedienti creduti valevoli a debbellare queste lunghe malattie. Le albule perché correnti, e perché non accusano mai più di 24 °C. non potean reputarsi idonee all'uopo; e noi *a priori* ci saremmo astenuti dal raccomandarle a quest'uso, se alcuni fatti non ne avessero persuasi in contrario. Non certo nel reumatismo acuto febrile avvien che le albule si abbian a consigliare, ma sì bene nel cronico, specialmente se oltre a' bagni le si dieno a bere in discreta dose.

Il pittore Giovanni Caneva era preso d'artrite. Tumide avea le articolazioni delle mani e de' piedi da molti mesi.

I movimenti delle membra o non si compievano punto, o con atroci dolori; niun sollievo dai molti farmachi, che pur gli vennero amministrati. Si condusse alle albule più con animo di tentare una prova, che con fiducia di guarire. Dapprima gli amici lo ajutarono ad adagiarsi entro 'l canale; ma dopo alquanti dì egli poté farlo da se stesso; e soli trenta bagni bastarono per condurlo a perfetta sanità. Al Caneva successe Carolina Monsetti di Tivoli, e ancor essa ne uscì perfettamente guarita. Così del pari il signor Carlo Kolb incaricato di affari di Vittemberga ed il sig. Dott. Bartoli Chirurgo in Tivoli poterono mediante i bagni e le passate delle acque risanare d'affezioni reumatiche, che fin'allora non eransi potute vincere altrimenti.

Giovossi grandemente il Ministro delle armi sig. Commendator Farina de' savi suggerimenti del chiarissimo professore di Clinica Chirurgica Cav. Giuseppe Costantini nostro particolare amico e collega, e ordinò, che di queste salutari acque ne avessero a fruire anche i soldati della truppa pontificia. Ai desiderii del Ministro corrispose con molt'alacrità il Municipio Tiburtino, e ordinò, che sul greppo sinistro della fossa estense venisse preparato un ricetto adatto per bagni. La qual cosa poiché venn'eseguita non è a dire con qual profitto e sollievo di que' militi riuscisse. Per le tavole statistiche trasmesseci dal D.ᵣ Benaglia rilevasi. che dei quattordici affetti da reumatismo colà inviati dal 29 luglio al 5 settembre tutti rimasero perfettamente sanati e di essi abbiam creduto dare qui sotto i nomi[45].

Delle erpeti sien squammose sien ulcerose ci asterremmo dal riferire le numerosissime guarigioni per non fastidire di troppo il leggitore. Direm solo, che le albule esercitano azion pronta ed astersiva nelle erpeti specialmente mancanti di epicorion, dalle quali soglion gemere icori, o sieri acri e pungenti. Né solo quando l'epidermide manca ma ancora quando l'ulcere rode e consuma i tessuti cutanei e sotto-cutanei negli arti inferiori non men che in qualunque altra parte del corpo. La guarigione nell'uno, e nell'altro caso è

---

[45] Antonio Calzavara
Pietro Munari
Giovanni Schinolfi
Fidio Farinelli
Enrico Hoyer
Giovanni Berhol
Giovanni Veilbrief
Luigi Bouret
Giovanni Egger
Franceso Hanimann
Saverio Heber
Giovanni Courtis
Brunone Renard
Luigi Pecond.

prontissima. Al termine del quinto decimo, o del vigesimo bagno veggonsi riportate a perfetta margine queste contumacissime infermità.

Anche nelle erpeti secche lichenoidi o pustulose si giunge a far cader l'epidermide in falde sottilissime; a diseccare e distaccare dalla cute la crosta, ch'elevata e scabra vi aderisce tenacemente, ed a restituire la pelle alla naturale sua levigatezza e pastosità, però senza cancellare quelle chiazze o meglio quelle tinture variegate da cui si rimane la superficie del corpo profondamente segnata.

Le nostre albule esercitano forza astringente contro le mucose seminterne tanto dell'uretra, quanto del seno pudendo, come anche dell'intestino retto. Di ciò se ne avvede ben chi vi s'immerge, poiché e' risente in quelle regioni un certo mordicamento, il quale solletica i nervi, vellica i tessuti, ed increspa e raggrinza la pelle dello scroto e delle parti adjacenti al podice ed all'orificio della vagina. Quindi niuna meraviglia se le riescano utilissime nei flussi mucosi cronici di questi estremi tessuti, quando si prescrivano anche per bevanda. Nelle vaginiti croniche con flusso bianco (Angiovorrea) e con erosioni della mucosa dispiegano gagliardissima possanza, e tra i molti riferiremo il caso di certa Luigia Baroni, la quale tormentata durante più mesi da acutissimi dolori uterini, e da fluor bianco, con soli venti bagni risanò compiutamente. La medesima efficacia esercitano nei flussi mucosi delle vie urinarie, sia che vestano la forma di catarri vessicali, (Cistiblenorrea), sia che quella assumano di catarri uretrali (Uretroblenorrea). Quanto asseriamo si conferma della guarigione di un catarro vessicale molto antico in uno dei primi ufficiali civili del nostro governo, e dal risanamento di que' molti, che affetti da blenorrea virulenta accorsero per liberarsene a quelle acque come a fonte di guarigione sicura.

E poiché siamo in sul ragionare delle blenorragie virulente; non lascerem noi di segnalare un fenomeno degno di particolare menzione. Un giovane pittore per sifilide costituzionale erasi sottoposto alle frizioni di unguento napolitano. Ei si condusse alle albule non saprei più se per vincere le reliquie del morbo sifilitico, o sì vero per combattere gli effetti dell'indrargirosi. Pallido in volto e' procedeva a passo tardo, stentato e rotto; pur si mise nel bagno, e vi durò per un tempo più lungo di quel che suolsi a tutti prescrivere. Nell'uscirne asciugatosi ben bene, ed indossata una camicia di bucato, la si vide con maraviglia di tutti sottinta di un color di piombo dilavato, che di leggieri poté riconoscersi per solfuro di mercurio. Questo fenomeno conferma maggiormente in qual modo gli effluvi della traspirazione insensibile e del sudore possano agevolmente portare fuori del nostro corpo i rimedii non men che i veleni, specialmente se venga indirizzata la cura mediante un trattamento idro-terapeutico convenevole. Gli esperimenti pertanto di Poey e Vergnes, e quindi di Casasecca e Moisant, a nostro credere non dimostrerebbono già potersi ottenere l'assorbimento dei medicinali metallici dal corpo animale con mezzi eletro-chimici, ma solo spiegherebbero in qual modo col bagno acido e coll'azione de' reofori riducansi allo stato metallico que' sali, che per mezzo del sudore si sono accumulati su tutta la superficie del corpo.

Abbiamo di già notato siccome dal fondo del lago maggiore e del suo emissario distacchinsi in copia brani di certa sostanza bruna appartenenti ad una criptogama, i quali sopranotando alle acque vengon gettati qua e là sulle rive ove disfannosi ed imputridiscono. Godesti gruppi di vegetabili conosciuti col nome di *galleggianti* son composti come fu detto dalla *Calothrix Jantiphora* Fior., unit'all'*Hydrursus aquae albulae* Fior., ed alla *Leptothrix di Kützing*. Avviene pertanto, che mediante il movimento di putrefazione delle cellule tubuliformi della prima di queste piante venga fuori a dovizia una sostanza colorante da noi chiamata *Jantina*. Or di questi brani di criptogama prendono grandissimo giovamento coloro, che sono affetti da strume o d'altr'ingorghi glandulari. Il Dott. Bartoli, che per sua gentilezza fornivaci la massima parte di queste notizie ne consiglia da molto tempo l'uso, e con supremo vantaggio, secondo ch'egli afferma contro le strume, che frequentissime sono in Tivoli, aggiungendo a' bagni varie falde di cotali piante distese in sul tumore. E' ne riferiva tra le molte il risanamento del P. Guada affetto da enfiaggioni strumose ad amb'i lati del collo avvenuto in soli quindici bagni, ed altrettante applicazioni di questa poltiglia, che l'ammalato riteneva sulle gonfiezze per tutta intera la notte.

Chi per avventura si conduce a questi bagni per curarsi di piaghe antiche, sordide e callose può ben esser sicuro di vederle in breve rimarginate. Il P. Ciccolini Gesuita da otto mesi era molestato da un'ulcerazione alla gamba di simil fatta, ed inutili erano riuscit'i rimedii tutti.

Il solo primo attufarsi del corpo nella correntìa dell'acqua fè cangiar di aspetto l'ulcera di mal fondo, e bastò la prosecuzione di pochi altri bagni per vederla condott'a solida cicatrice. Noi stessi abbiam voluto usarne nella cura di alcune piaghe ribelli nell'arcispedale di S. Giacomo in Augusta. Vi applicammo sole filacciche bagnate in esse, e la guarigione non tardò a manifestarsi.

Nel por termine a questo nostro discorso, accenneremo alla virtù delle albule nelle affezioni epatiche (Angiocolorree) con molestia e gonfiezza dell'ipocondrio destro, gastralgia, avversione al cibo, color aurino della pelle; ed un'esempio di perfetta guarigione ne porge la sig. Anna Gelsi romana: così anche alla molt'attività loro nel rammarginare le ferite recenti, nel curare varici, e piaghe varicose delle gambe, ravvivante la forza elastica delle pareti venose: e alla non minore virtù nei flussi di ventre con premiture dolorose, e nelle dissenterie ancora siccome ne attestano monsig. Vescovo di Tivoli, il sig. Dott. Bartoli, il signor Rigamonti, ed in genere tutt'i Tiburtini.

Quello, che più importa si è avvisare in qual modo esse si mostrino giovevoli nelle congestioni cerebrali nate da disordinamento di funzioni digestive. Un eminentissimo Personaggio si arrese a' nostri consigli nell'anno testé decorso. Egli mal fermo in sulle gambe, ed affetto da frequenti vertigini si condusse a quelle acque salutari bevendone alcuni bicchieri ogni mattina, e stando nel bagno per un'ora o in quel torno. Il primo effetto si fu una diarrea per alquanti dì; seguì la stitichezza con apparizione di pustule alla pelle accompagnate da prudore molesto: pur reiterò i bagni non mai disgiunti dall'uso interno delle acque, e il giovamento fu così pronto e durevole, che s'egli in prima far poteva a mala pena pochi passi, ebbe dipoi facoltà di percorrere alcune miglia senza pur appoggiarsi ad alcuno, e di ritornare in settembre perfettamente sano alle primiere e gravi sue occupazioni.

SOVRA DUE NUOVE ALGHE DELLE ACQUE ALBULE

DELLA SIGNORA
ELISABETTA FIORINI-MAZZANTI

La vegetazione delle acque albule considerata solo in se stessa, e nelle rive, non presenta che scarsezza e monotonia, pressoché nudità poi in quelle parti che solide per loro processo han nome di croste. Imperocché nel biancheggiante suolo non piante allignano, e non sui sassi traccia alcuna Lichenoidea[46]. E delle rive facendo in prima parola, quelle del lago detto delle Isole natanti veggonsi folte soltanto dello *Scirpus lacustris* Linneo, dalle cui accidentali varietà di statura, di colore, d'infiorescenza, han desunto alcuni recenti autori le nuove specie di *Scirpus glaucus,* e di *Scirpus Tabernae-montani.* E di questo le perenni e serpeggianti radici strettamente e tenacemente intessendosi sul terreno (che quivi mal fermo con

---

[46] L'unica occorsami in tutta quella regione si fu *l'Endocarpon rufescens* sovra i travertini di quel ramo delle acque, che per perdersi sotterra riceve il nome volgare di acqua persa.

facilità si stacca in piccoli o grandi tratti) formano gli
scherzi d'isole, che procedendo od arrestandosi con la
sovrapposta vegetazione alla superficie delle acque,
han dato luogo al nome *d'Isole natanti*. Passando poi al
minor lago detto delle *Colonnelle* sulle ripe più stabili
vedonsi qua e là *l'Holoschoenus vulgaris* il *Juncus acutus*,
il *Cladium mariscus*, *l'Arundo phragmites*, *l'Eupatorium
cannabinum*, e *l'Althaea officinalis*. Ma tutto questo non è
di alcuna importanza. La cosa però procede altramente
per l'osservatore in vedendo su la superficie delle
acque un'Alga a straterelli natanti di color fosco-
nereggiante, e talvolta inframezzo, o su le sponde un
bel color violaceo. A prima vista opinerebbe che que'
piccoli strati risultassero dalla presenza di una
Oscillarina veramente natante, ma di ciò si ricrede
quando nel lago delle isole ne vede sorgere de' novelli
che accompagnano il fragoroso ribollimento del gas
idrogeno solforato, e del gas acido carbonico, allorché
con impeto vi venga scagliata una pietra. Di che
deduce essere pianta affissa nel fondo: e certezza ne
deriva dal vederla attaccata sui sassi dell'Emissario,
come egualmente in quelli del piccolo canale
dappresso le capanne de' bagni. Quivi l'attenzione
viene anco richiamata ad alcune piante sommerse e
fluttuanti a modo di miriofilli, altre fosche, ed altre
rossastre, o biancastre. Le prime trova con sorpresa
non essere altro che l'Alga consueta, la quale
investendo o i culmi ramosi di morta graminacea, o i
calami di scirpi, e di giunchi putrefatti ha mentito
all'intutto sembianza. Vi scorge frammisto diverso
tessuto, e diversa tinta, che di leggeri giudicherebbe
essere un detrito; ma con l'esame della pianta rossastra
vede derivare quella diversità dall'unione delle due. E
di ambe formando oggetto di studio, e di osservazioni

microscopiche, ne vede emergere novità di specie; e nell'una che segue non lieve importanza intorno un punto di Fisologia vegetale.

Calothrix Jantiphora Fior-Mazz. Mss. Parassita; cespituli inclusi in vagina atro-violacea, compatta, gelacinea, irregolare, aperta, striata. Filamenti verde-olivacei, uscenti a fascetti concreti, indi allungati, liberi, curvato-flessuosi, oscuro-articolati con sostanza gonimica effusa. Nel diseccamento articoli distintissimi, di circa mm. 0,0040 lunghi, e di 0,0035 a 0,0040 larghi.

Questa Ficea in origine affissa sulle pietre, di poi natante quando per esterno impulso ne venga staccata; ovvero come già dissi, investendo culmi o calami, marcescenti è sempre parassita sovra un nuovo *Hydrurus,* che nomerò *H. Aqaue Albulae,* mentre su lei lo è del pari la *Leptothrix parasitica* Kützing. Il suo colore in complesso è di un fosco nereggiante, ma rimossa dalla sua stazione, e posta in massa in un recipiente di acqua, di là a poco tal massa acquista nella sua superficie un bellissimo colore violaceo, che pur comunica al fluido in cui è messa. Ponendone invece un piccolo brano vedesi la copiosa materia colorante partirsi a fascetti filamentosi da diversi punti di esso, precipitare e lentamente poi spandersi. Cotal materia è granulare e permanente. Investigandone con diligenza la sede, trovasi abbondantemente accumulata nella sola vagina; ond'ella appare altamente ferma e compatta; e pertanto d'indistinta tessitura, cui arrivasi solo a conoscere nella macerazione, e con il trattamento di qualche reagente. Allora spogliandosi se non in tutto, almeno in parte dell'acchiuso deposito, appare una fitta membrana. Instando a vie meglio discoprirla, e con l'uso spezialmente degli acidi concentrati si arriva alla sua trasparenza. E che il principio colorante in lei risegga è fuori di dubbio, che anco esternamente si manifesta l'atro colore violaceo, e la compattezza di essa; laddove i filamenti sono trasparenti e sempre verde-olivacei, anzi nella macerazione divengono di un bel verde cupo. Separando poi minutamente questi da quella, e mettendoli nell'acqua si rimangono invariabili, e all'opposto mettendovi la vagina, ecco in copia la consueta materia. Nell'Alcool ella è insolubile, mentre quei si sciolgono in un bellissimo verde. Negli acidi concentrati impallidisce, e niuna parte si scioglie; ma nella immersione alquanto prolungata, disorganandosi il tessuto, ne vengon variamente colorati. L'acido acetico, a modo di esempio, si volge in lurido fior di Pesco: il solforico in verde sporco; e l'idroclorico dopo effervescenza diviene solfureo verdognolo. Solubile negli Alcali dà nella dissoluzione di potassa un bel purpureo; e all'opposto in quella dell'ammoniaca il purpureo è lurido. Nell'acqua bollente non vi è emissione se non se dopo il raffreddamento; e la cagione ond'ella sia raggiante si è che sulla sostanza gelacinea di quell'organo posa una minutissima cellulosa, conformata ad otricelli consistenti in cellule sferiche lucentissime, e in cellule tubuliformi, flessuose, e pressoché spirali dattorno ed opache per la copia della menzionata materia della quale sono il veicolo. E questo credere non è solo di deduzione, ma ben anco di fatto, poiché raccogliendone con un bene affinato pennellino, ed osservandone al microscopio, frammezzo a' suoi granali, io vedeva quà e là piccolissimi brani della cellulosa con la fluente materia a correnti filamentose, seco menando parte delle lucide sferiche cellule, le quali s'intromettono infra le tubuliformi, e fuori n'escono e precipitano. Ma cotal materia sì bella, è sì a lungo permanente all'azione del sole di qual natura è ella mai? Vegeto-minerale io mi penso: imperocché i corpi onde van cariche le acque, fissandosi nella vagina probabilmente per acconcia testura, o per affinità di principii debbono nella decomposizione subire delle speciali chimiche combinazioni, in virtù delle quali si scioglie e si emette la materia *Phyco-janthina,* e molti è da notare che l'emissione non segue mai nella vitalità, tua solo nel disfacimento: sia che maceri sulle investite piante putrefatte della propria stazione: sia che venga rimossa vivente, e poi diseccata. Nel diseccamento è violaceo cangiante per il verde deviamenti, de' quali la clorofilla è inalterabile anco nella decomposizione. Esala un'odore fetidissimo, e in gran parte d'idrogeno solforato.

Osserv. - L'Agardh ha una specie congenere a cui dà il nome di *Cal. tinctoria,* che a primo tratto mi avrebbe colpita. Ma siccome la brevissima sua diagnosi non parla che dei fili abbreviati, che nel diseccamento divengono violacei, così panni non sia a farne conto; tra che i filamenti della nostra pianta sono allungati, e sempre verdi; e perché il cambiamento di colore nelle alghe diseccate è di niun momento, perché frequente senza la proprietà di emettere un principio colorante.

Hydrurus Aquae-Albulae Fior-Mazz. Mss. Fronda affissa   lubrico-gelatinoso-cartilaginea,   irsuta, fluttuante da 6. a 12. centimetri lunga: irregolarmente, e spesso divisa in rami cilindrici di circa un millimetro di diametro, entro cui annidansi del pari che nella fronda tubuli coadunati, ialini filiformi, longitudinali, e ramelliferi: sovra i quali in serie e in acervi si aggruppano in gelacinea matrice, cellule ologonimiche, e corpuscoli granuliformi ellittici.

Molto fluttuante nel canale presso i bagni su cui vive sempre parassita l'antecedente *Cal. Janthiphora.* Allorché sostiensi di per se, ha i sovra descritti caratteri, e il centro viene percorso da grossi tubi filiformi, attorti, ed altamente cartilaginei. Ma quando investe, siccome il più addiviene, parti di vegetabili marcescenti, il sostegno è in loro, e tal centro manca. Varie sono le forme che assume, perché sempre a seconda de' corpi cui impigliasi. Dalla *Calothrix* separato è inodoro, e il suo colore è più o meno biancastro co' fili e granuli quasiché foschi. I primi però al microscopio appaiono ialino-verdognoli.

Leptothrix parasitica Rützing. Parassita sulla *Calothrix Janthifora:* filamenti lunghi, crespo-contorti, intricati di min. 0,0030 circa di diametro, pallido-verdi, ed acromatici inarticolati viventi, e sovente nel disseccamento articoli distintissimi, e dividentisi.

Osserv. - Egli è da avvertire che non sempre eguale è nella *calothrix* la molta copia della materia colorante: né l'acutezza delle sue fetide emanazioni. Il più o meno di queste circostanze sembra dipendere dalle condizioni meteorologiche, influenti sovra le sostanze componenti le acque. Di che nel caldo ed asciutto autunno decorso, trovai te enunciate qualità in grado eminente: laddove in primavera, dopo copiose piogge elle erano d'assai più deboli. *L'Oscillarina* occorreva più scarsa e *l'Hydrurus* sempre investente, e mai autonomo. Nelle isole natanti, a prova delle diluite acque appariva in bel verde chiaro la *Spirogyra gracilis* Kützing.

Il ribollimento del gas idrogeno solforato, e del gas acido carbonico non avea tutto quel fragore di altra volta. Oltre di che il sapore n'era languido, e l'annerimento delle monete di argento, come ancora di altri oggetti dello stesso metallo era eziandio di poco momento; quandoché in passato sì forte, che a gran fatica poteronsi tornare allo stato naturale. E tutto questo seguiva senza abbassamento di temperatura.

www.ingramcontent.com/pod-product-compliance
Lightning Source LLC
Chambersburg PA
CBHW071605170526
45166CB00003B/1001